아이에게
쓸데없는 행동은
없습니다

DIE WEISHEIT DER KINDER. Wie sie fühlen, denken und sich mitteilen by Udo Baer
© 2018 Klett-Cotta - J.G. Cotta'sche Buchhandlung Nachfolger GmbH, Stuttgart
Korean Translation © 2022 by Galmaenamu

The Korean language edition published by arrangement with
J.G.Cotta'sche Buchhandlung Nachfolger GmbH through MOMO Agency, Seoul.

아이에게 쓸데없는 행동은 없습니다

아이와 함께 행복해지고 싶은
어른의 심리 수업

우도 베어 지음
장혜경 옮김

갈매나무

아이의 지혜로
어른이 자란다

아이는 이 세상에 발을 내디딘 첫 순간부터 어른들을 이해하려 노력합니다. 세상의 문을 열고 나가 그곳에서 자리를 잡으려 애를 씁니다. 아이에겐 온 세상이 낯설고 생경합니다. 주변 사람들은 알아듣지 못할 소리를 내뱉고 이해할 수 없는 신호를 내던집니다. 알아들을 수는 없어도, 아이는 그들이 전하는 메시지를 몸으로 느낍니다. 와닿는 손길, 바라보는 눈빛, 풍기는 분위기를 체감합니다.

아이가 자라 나이가 들면 세상과 사람을 이해하는 능력도 따라 커집니다. 하지만 세상살이는 여전히 고단하기만 합니다. 이해의 벽에 뚫린 큰 구멍은 메워질 줄 모르는데, 더 크고 더 생경한 새로운 세계가 자꾸만 펼쳐집니다. 유치원, 학교, 스포츠, 친구, 음악, 책과 인터넷…… 엄마의 말과 아빠의 경고, 선생님의 행동을 겨우겨우 이해해도 도전은 계속됩니다. 우리 어른들이 말하는 '학습'은 결국 세상을 이해하기 위한 아이들의 쉴 새 없는 노력입니다.

아이들은 이 싸움에서 승리를 거둡니다. 늘 그런 것은 아니지만 대부분은 이깁니다. 설명할 수 없는 것이 너무 많아 체념하고 노력을 멈추는 아이도 간혹 있지만, 대부분은 세상을 향한 호기심과 갈망을 잃지 않습니다. 아이들의 이 여정은 인정받아 마땅한 엄청난 성과입니다. 따라서 우리 어른들은 더더욱 아이를 이해하려 노력해야 합니다. 우리를 위해서도, 아이를 위해서도.

물론 아무리 노력해도 도통 아이를 이해할 수 없을 때도 많습니다. 애써 좋은 말을 해줘도 한 귀로 듣고 한 귀로 흘려버리고, 왜 저런 짓을 하는지 도무지 이유를 알 수 없습니다. 하지만 그렇기에 아이를 이해하는 건 우리에게 더 득이 됩니다. 모든 이해는 아이와의 관계를 더 수월하게 만들어줄 테니까요.

또 우리의 이해는 당연히 아이에게도 득이 됩니다. 아이는 우리 눈과 귀를 원하고 우리 이해를 바랍니다. 우리의 이해가 있어야 아이의 행복과 자신감이 자랍니다.

이해가 말처럼 쉬운 건 아닙니다. 우리 의문은 답을 얻지 못할 때가 많습니다. 우리 시선은 지금까지의 경험과 이해관계로 흐

려졌기 때문입니다. 살면서 우리는 많은 것을 듣고 배웠습니다. 아이는 어떻게 행동해야 하고 무엇을 배워야 하며 어떤 사람이 되어야 하는지, 또 부모는 아이를 어떻게 키워야 하는지 온갖 조언과 충고도 들었습니다. 그 모든 것을 나는 아이를 바라보는 '어른의 시선'이라 부릅니다. 이 시선이 인식을 흐리는 바람에 우리는 아이를 이해하기 위해 꼭 필요한 수많은 경험의 측면들을 미처 보지 못합니다.

예를 들어봅시다. 요즘 들어 아힘이 자꾸만 학교 성적도 떨어지고 멍하니 딴생각을 하느라 옆에서 말을 걸어도 잘 못 알아듣습니다. 부모님과 선생님이 야단도 치고 이런저런 약속도 해가며 아이의 집중력을 높이려 노력합니다. 이건 어른의 시각입니다.

아힘의 행동을 아이의 시각에서 바라보면 전혀 다른 풍경이 펼쳐집니다. 요즘 아힘은 걱정이 많습니다. 제일 친한 친구가 다른 고장으로 이사를 갔기 때문입니다. 그래서 답답하고 울적하고 외롭습니다. 하지만 열두 살이나 먹은 남자아이가 훌쩍거리고 있을 수만은 없습니다. 다들 사내답지 못하다고 야단을 칠 테지요. 그러니까 아이는 '집중을 못 하는' 게 아니라 슬픔과 우울에 '집중력을 빼앗겨 버린' 겁니다. 부모님과 선생님이 그 마음을 이해한다면 아이를 전혀 다르게 대할 수 있을 것입니다.

그러므로 나는 어쨌거나 어른의 시각을 유지하되 아이의 시각을 파악하고 다가가려 노력하라고 권하고 싶습니다. 그리고 이 책을 통해 당신의 노력을 조금이나마 도우려 합니다. 이 책은 아이의 경험을 아이의 시각에서 보고 이해하려는 시도입니다.

어른에게 신호를 보내는 아이들의 지혜

여기서 나는 특히 두 가지 측면이 중요하다고 생각합니다.

첫째, 나는 무의식적이긴 해도 아이의 모든 행동에는 의미가 담겨 있다고 생각합니다. 아이의 불안은 어떤 이유로든 어지러운 마음을 알리고픈 무의식의 노력입니다. 아빠가 집을 나가서 슬픈데도 아이가 전혀 동요하지 않는다면, 이는 이혼으로 힘든 엄마를 보호하려는 마음 때문입니다. 나는 늘 고민하고 스스로에게 질문합니다. 저 아이의 말과 행동은 (겉보기엔 무의미하고 유치하다고 해도) 어떤 의미일까? 내가 정성을 다해 관찰하고 묻고 공감할 때마다 감탄과 감동이 돌아옵니다. 이 상호의 교감을 나는 글로 표현하여 나누고자 합니다.

둘째, 아이의 말을 경청하는 수준에서 멈추어서는 안 됩니다. 아이가 말로는 표현하지 않지만 보여주고 싶은 것을, 보여주지는 않지만 알려주고 싶은 것을 알아차릴 줄 알아야 합니다. 나는 아이가 우리 마음에 불러일으키는 감정도 그들이 보내는 신호

중 하나라고 확신합니다. 내가 어떤 아이를 볼 때 어찌할 바를 몰라 막막하다면, 그 감정은 말로 표현되지 못한 아이의 막막한 심정이 내게 남긴 흔적일 겁니다. 나는 이를 '아이들의 지혜'라고 부릅니다.

물론 여기서 내가 아이를 이해하라고 호소한다고 해서 그들의 생각과 행동을 무조건 받아주고 오냐오냐하라는 건 절대 아닙니다. 아이에겐 경계선이, 갈등과 비판이 필요합니다. 일관된 견해와 명확한 규칙으로 버팀목이 되어줄 어른이 요구됩니다. 나는 지금 아이의 마음을 움직이는 것이 무엇인지를 이해의 바탕으로 삼는다면 갈등과 비판도 평화로운 분위기와 상호 존중 속에서 이루어질 수 있다고 믿습니다. 그런 곳에서 아이들은 굴욕감 없이 한껏 성장할 수 있습니다.

그런 의미에서 이 책은 아이들을 이해하기 위한 책입니다. 그리고 당연히 부모와 선생님처럼, 아이와 함께하는 어른들을 주 대상으로 합니다. 이 책은 아빠이자 할아버지, 교육자이자 심리치료사인 나의 경험을 발판으로 썼습니다.

이 책에서 나는 아이들의 경험에 담긴 다양한 측면을 기록했으며 스포트라이트처럼 아이들 삶의 무대에서 펼쳐지는 온갖 장면들을 비췄습니다. 따라서 이 책이 나의 노력대로 아이의 경험에 숨은 묘한 뉘앙스와 다채로운 면모를 최대한 많이 보여줄 수 있기를 기대합니다.

책을 읽다가 기시감에 사로잡힐 수도 있습니다. “맞아. 우리 아이랑 똑같아.” 또 어떤 지점에선 고개를 저을 수도 있습니다. “아냐, 우리 아이는 저렇지 않아.” 모든 아이는 세상에 하나밖에 없는 존재이고, 그렇기에 놀랍고 신비롭습니다. 그러니 자신에게 와닿는 이야기를 선택해서 읽어도 좋고 다른 이야기를 자극제 삼아 함께 읽어도 좋습니다. 중간중간 별면에서 제안하는 조언들 역시 반드시 지켜야 할 의무사항은 아닙니다. 나의 조언들은 말 그대로 ‘권고사항’일 뿐입니다.

나는 사례를 고를 때 힘든 상처나 트라우마를 일상의 평범한 사건과 굳이 구분하지 않았습니다. 아이들의 지혜는 곳곳에서 나타나기 때문입니다. 아이들은 각자의 조건에 맞추어 각양각색의 방식으로 지혜를 표현합니다. 언제 어디서건 그 지혜를 잊지 않습니다.

이 책이 아이를 조금 더 심도 있게 이해하는 데 도움이 되면 좋겠습니다. 아이를 위해서도, 어른을 위해서도, 아이와 어른의 아름다운 관계를 위해서도.

차례

2부 몰라서 이해하지 못한 아이의 진짜 속마음 — 아이 마음 어루만지기

1부

들여다볼수록 놀라운 아이의 감정 세계

아이 행동 이해하기

자기효능감

사랑받기 위해 태어난 존재

아이제가 아기 식탁 의자에 앉아 있다. 혼자서 밥을 먹는 중이다. 돌연 아이제가 손에 든 숟가락으로 의자의 식판을 두드린다. 그 소리에 신이 나선 말갛게 웃으며 환호성을 터트린다. 아이제의 웃음은 순식간에 온 집을 장악한다. 식탁에 앉은 온 가족이 아이제를 보며 따라 웃는다. 모두 같이 신이 난다.

그러던 중 아이제가 손을 들어 올리더니 바닥으로 숟가락을 던진다. "이런. 아이제, 숟가락을 떨어뜨렸네." 엄마가 일어나며 말한다. 그러고는 숟가락을 집어 아이제에게 돌려준다. 아이제의 표정이 더 환해진다. 숟가락을 집은 아이제가 이번에는 아빠를 쳐다보며 숟가락을 떨어뜨린다. 아빠가 웃으며 일어나 아이제에게 숟가락을 돌려준다. 아이제는 몇 번이고 같은 행동을 반복하면서도 매번 웃음을 터트린다.

아이제는 효과를 불러일으킨다. 아이제가 불러온 효과는 환성과 웃음 그 이상이다. 아이제는 엄마와 아빠가 행동하도록 만들었다. 숟가락을 집어서 자신에게 돌려주도록 만들었다. 이 모든 행동에는 단순한 관심 끌기 이상의 의미가 있다. 아이제는 자기효능감을 키우는 중이다.

'자기효능감'은 평소에는 느끼기 어려운 감정입니다. 자신의 행동이 효과를 불러오지 못하는 경험을 할 때라야 비로소 자기효능감이라는 감정과 그 의미를 깨닫게 되기 때문입니다. 그리고 그 깨달음의 경험은 어떤 방향으로든 반드시 아이에게 영향을 끼칩니다.

나의 책 《감정의 ABC》는 마치 사람에게 하듯 감정에게 질문을 던집니다. 책에서 효능감과 비효능감은 이렇게 자기소개를 합니다. "우리는 평생의 짝꿍이야. 우리는 하나거든. 세상 그 누구도 우리를 갈라놓아서는 안 돼. 혹시라도 그럴까 봐 너무너무 겁이 나. 한 사람의 마음에 효능감만 존재한다면 그 사람은 실패를 모를 테고 교훈도 얻지 못하겠지. 그래서 자기가 세상에서 제일 잘난 줄 알고 자만에 빠질 거야. 하지만 비효능감만 존재한다면 그 사람은 무능의 감정에 사로잡혀 아무것도 할 수 없을 거야.

비효능감은 어린아이와 청소년에게서 자주 목격되는데, 아이가 무슨 짓을 해도 아무도 긍정적으로 반응해주지 않을 때 주로 나타나는 현상이지. 그러면 비효능감은 평생의 짝꿍을 잃을 테고 희망과 의미도 사라지고 말 거야. 비효능감이 기본 감정으로 자리 잡은 아이는 무의미한 자기파괴의 굴레에 빠지게 되겠지. 자신은 무슨 짓을 해도 소용없다는 절망이 무의식에 남아 결국 남들을 혹은 자신을 폭력으로 다치게 할 거야."

자신의 행동이 긍정적 효과를 불러일으키면 아이의 관심과 노력은 따라서 커집니다. 열심히 공부해서 시험을 잘 보거나 선생님께 칭찬을 들으면 아이는 만족을 느끼고 더 열심히 노력합니다. 꼬마 아이제가 숟가락을 떨어뜨리면 엄마 아빠는 활짝 웃으며 자리에서 일어나 숟가락을 집어 돌려줍니다. 그러면 아이제는 더 신이 나서 숟가락을 다시 떨어뜨립니다.

하지만 아이제가 숟가락으로 식판을 두드리고 숟가락을 떨어뜨려도 아무도 아는척하지 않거나 심지어 "하지 마!"라는 짜증 섞인 고함만 친다면 아이제는 실망하고 말 겁니다. 열심히 공부했는데도, 친구와 사이좋게 지내려 노력했는데도 아무도 칭찬해주지 않는다면 그 아이 역시 실망하여 더는 노력하지 않을 겁니다. 때론 주변의 반응을 불러오기 위해 부러 파괴적인 행동을 일삼기도 합니다. 심지어 자신에게 해를 가하기도, 혹은 아예 체념하여 모든 노력을 멈추기도 합니다.

자기효능감을 위한 아이의 노력은 자칫 이해받지 못한 채 결과만으로 판단되곤 합니다. 시끄럽게 떠들고, 어지럽히고 더럽히기만 한다고 말이죠. 물론 선을 그어줄 필요는 있습니다. 하지만 우리 반응의 시작과 핵심은 감탄과 칭찬이어야 합니다. 자기효능감을 키우려 애쓰는 아이의 노력을 주목하고 격려해줘야 합니다.

"나는 잊히고 싶지 않아요."

팀은 성격이 싹싹한 남자아이입니다. 말도 별로 없고 친구도 많지는 않지만 모두와 잘 지냅니다. 학교 성적은 중간 정도이고 선생님들은 "말 잘 듣는 착한" 아이라고 팀을 예뻐합니다. 팀은 말썽을 부리지도 어른에게 대들지도 않는 얌전하고 순한 아이이기 때문입니다.

팀은 아빠와 새엄마와 함께 지냅니다. 시골이어서 집에는 낡은 헛간이 있습니다. 언젠가부터 팀은 그 헛간 구석에 숨어 불을 피웠습니다. 어느 날 아빠가 우연히 헛간에 들어갔다가 그 모습을 보고 놀라 불을 밟아 껐습니다. 그리고 두 번 다시 성냥을 가지고 놀지 말라고 크게 야단을 쳤습니다. 하지만 2주 후 팀은 또 불을 붙였습니다. "불이야!" 옆집 친구가 근처에 왔다가 불꽃을 보고 놀라 고함을 쳤습니다. 불은 금방 꺼졌지만 아빠는 격분하여 화를 냅니다. "왜 그런 바보 같은 짓을 하는 거니? 도통 이해가 안 되네."

아빠의 관점으로 보면 당연히 위험하고 바보 같은 짓입니다. 하지만 아이의 경험과 관점에서 보면 사정은 달라집니다. 겉보기에 팀은 얌전한 아이지만 그의 마음에선 불길이 빠르게 번지고 있습니다. 팀이 태어나고 2년 후 부모님은 이혼했습니다. 팀은 아빠랑 살면서 2주에 한 번씩 엄마를 만납니다. 엄마는 함께 사는 남자친구에게 자신은 팀을 별로 사랑하지 않는다고 말합니다. 팀은 그 대화를 들었고 실제로 그럴지도 모른다고 생각합니다. 함께 사는 새엄마도 팀을 사랑하지 않는 것 같습니다. 게다가 새엄마는 지금 임신 중입니다.

팀이 성냥을 그어 불러내는 불길은 이미 자기 마음에 존재하던 불씨의 표출입니다. 고통과 고독의 표현이며, 사랑과 보호의 갈망입니다.

팀은 불을 붙여 격한 흥분을 불러일으킵니다. 특히 아빠의 흥분을 자극합니다. 이 격심한 흥분은 얌전하고 싹싹한 팀의 겉모습 아래에 숨어 오랫동안 활활 불타고 있었습니다. 불이 날지도 모른다고 걱정하고 염려하듯 누군가 자신도 걱정해주고 염려해주기를 바라는 것입니다. 팀은 어른들이 자신을 걱정하고 보살펴주기를 바랍니다. 새엄마가 아기를 낳으면 자신은 없던 사람처럼 완전히 잊힐지도 모릅니다. 팀은 그게 너무 걱정되지만 차마 말하지는 못합니다. 어떻게 표현해야 할지도 모르겠습니다. 그래서 그 걱정되는 마음을 불장난으로 표현합니다. 고달픈 자신의 상황을, 나름의 지혜로써 불장난이라는 행동으로 보여주는 겁니다.

아이의 숨은 지혜

아이의 말에 귀를 기울이세요. 말로 표현되지 못하는 아이의 마음을 들여다봐 주세요. 조용한 아이도 속마음은 온갖 소리로 들끓을 수 있답니다. 아이가 효능감을 느낄 수 있도록 최선을 다해 진심으로 아이의 행동에 반응해주세요. 아이의 숨은 구조 신호를 놓치지 마세요. 아이가 이해할 수 없는 행동을 되풀이하며 당신을 자꾸만 곤란하게 한다면, 그건 확실한 구조 요청입니다.

호기심

낯선 세상을 향하여

슈테판은 세 살이다. 엄마가 슈테판을 데리고 친한 이웃집에 놀러간다. 슈테판은 처음에는 부끄러워 엄마 품에 가만히 앉아 있는다. 하지만 시간이 조금 지나자 슬슬 일어나 여기저기 돌아다니기 시작한다. 아이는 온갖 걸 다 만져보고, 킁킁 냄새도 맡아보고, 이 작은 도자기 인형이, 저 미니 자동차 모형이 어떻게 해야 소리가 나는지 흔들어도 본다. 후추통을 집어 흔들고, 서가의 책을 빼내 안을 들여다보고, 찻잔 속도 살펴보고, 엄마가 말리지 않았으면 큰 화병의 꽃도 꺾을 뻔한다. 호기심 천국인 아이는 모험의 여행을 시작한 셈이다.

이리나는 열세 살이다. 학년이 바뀌면서 새롭게 사귄 친구 집에 오늘 처음 놀러간다. 무엇보다 친구의 방이 어떻게 생겼나 궁금하다. 호기심 많은 이리나가 연신 두리번거린다. 방은 포스터로 도배되어 있다. 이리나의 눈이 포스터를 구경하느라 바삐 움직인다. 거울 위에 걸린 사진들도 열심히 살핀다. 그중 몇 개는 친구의 페이스북에서 본 적이 있다. 그래도 세 살인 슈테판보다는 몸을 사린다. 철도 좀 들어 함부로 아무 물건이나 덥석덥석 만지지는 않는다. 하지만 새 친구와 그의 세상이 궁금해 죽겠다는 표정은 숨기지 못한다.

다섯 살 아킨은 하루 종일 묻는다. 왜 동생이 탄 유모차는 바퀴가 네 개일까? 왜 달은 동그랗고 환할까? 아킨은 총명하고 호기심이 많다. 하루는 아빠와 걸어가다가 아빠의 친구를 만난다.

"아저씨는 왜 코가 그렇게 커요?" 아킨이 아빠의 친구에게 묻는다. "뭐 코가 크다고 그래. 하나도 안 크구만." 아빠가 당황해서 대답한다. 아빠는 얼른 화제를 돌린다. 아빠는 친구와 헤어지자 아킨을 핀잔한다. "그런 말은 하는 거 아냐."

"왜요?" 아킨이 묻는다. "난처하잖니." 아빠가 대답한다.

"난처한 게 뭔데요? 왜 난처한데요?"

아킨은 묻고 또 묻는다.

호기심 천국인 아이는 세상에 관심이 많습니다. 아이에겐 세상이 낯설고 새로우니 그럴 수밖에요. 그 낯선 세상에서 자리를 잡으려면 아이는 열심히 탐구해야 합니다. 호기심은 특별히 강렬한 형태의 관심입니다. 호기심에 넘쳐 세상을 탐구할 때 아이는 세상의 일부가 되고 세상은 아이의 일부가 됩니다.

지나친 호기심을 갖지 말라고 아이를 다그치면 아이는 탐구를 멈추고 말 겁니다. 아이에게 '지나친' 호기심이란 없습니다. 아이의 호기심 때문에 난처하거나 곤란하다면 호기심을 탓할 게 아니라 왜 어른들은 그런 상황이 난처한지 설명을 해주면 됩니다. 그것도 아이가 사회관계를 학습하는 방법의 하나입니다.

아이의 호기심을 꾸짖거나 막으면 ("뭘 그런 걸 물어?") 아이는 세상으로 들어가는 입구를 빼앗깁니다. 호기심을 품을 수 없으면 배울 수도 없습니다.

"내가 궁금하지 않으세요?"

아이의 호기심이 물거품이 될 때가 있습니다. 호기심이 뻗다가 수신자를 찾지 못할 때입니다. 그러면 아이는 어찌할 바를 모르고 공격성을 나타내거나 (그보다 더 자주) 체념에 빠지곤 합니다. 알리사가 그랬습니다. 알리사의 엄마는 우울증입니다. 증상이 심할 때는 꼼짝도 하지 않고 침대에 누워만 있습니다. 겨우 일어나 움직일 때도 알리사의 말을 한 귀로 듣고 한 귀로 흘립니다. 당연히 알리사가 뭘 물어도 돌아오는 대답은 없습니다. 어느 순간부터 아이는 체념하여 아무것도 묻지 않습니다.

알리사의 담임 선생님은 알리사를 보자마자 영특한 아이라는 걸 알아차렸습니다. 그래서 수업 시간마다 그녀에게 이런저런 질문을 던지고 숙제 검사도 더 꼼꼼하게 해줬습니다. 하지만 아이의 호기심을 일깨우려는 선생님의 노력은 번번이 실패로 돌아갔습니다. 몇 주 동안 온갖 방법으로 의욕을 북돋으려 했지만 결국 선생님은 두 손 두 발 다 들고 체념해버립니다.

알리사도 체념하고 선생님도 체념합니다. 물론 알리사는 자신의 심정을 표현할 줄 모릅니다. 대신 선생님의 마음에 체념의 감정을 일으킵니다. 그렇게 무의식 중에 자신이 어떤 심정인지, 왜 관심과 호기심을 잃어버렸는지 알리려 합니다. 알리사에겐 포기하지 않는 선생님의 의지와 관심이 필요합니다.

아이의 숨은 지혜

아이에게 질문을 던지세요. 언제라도 궁금하면 물어보라고 용기를 주세요. 아이의 질문엔 정성껏 대답해주세요. 대답을 듣지 못하면 질문은 멈춥니다. 묻지 않는 아이는 발전할 수 없습니다. 아이의 질문에 창피하다면 그 감정을 아이와 이야기해보세요.

3

숨기와 찾기

꼭 지켜봐 주리라는 믿음

리자는 올해 다섯 살이다. 할머니가 집에 놀러오실 때마다 리자는 숨바꼭질을 하자고 할머니를 조른다.

"할머니 우리 숨바꼭질해요."

리자는 커튼 뒤로 가서 숨는다. 하지만 커튼 밑으로 발이 다 보인다. 리자는 식탁 밑에 들어가서 숨거나 소파 뒤로 가서 쿠션으로 몸을 가린다. 할머니가 금방 찾아도 싱글벙글 즐거워한다. 중요한 건 누군가 자신을 찾아주는 것이니까.

반대로 해도 재미가 난다. 할머니가 숨고 리자가 할머니를 찾는다. 할머니를 찾을 때마다 아이는 좋아서 큰소리로 환호한다. 하지만 역시나 가장 좋아하는 순간은 누군가 자신을 찾아줄 때다. 아주 어릴 적에도 리자는 손으로 눈을 가리고서 들으라는 듯 외쳤다. "나 없다? 나 없다!" 그러다 누군가 그녀의 코를 꼬집으면 손을 떼고 눈을 크게 뜨며 환하게 웃음을 터트렸다. 그러고선 외쳤다. "나 여기 이이이있지!"

아이는 누군가 자신을 보고 있으면 좋아합니다. 좋아하는 걸 넘어서 누군가 자신을 보고 있다는 느낌을 꼭 필요로 합니다. 누군가와 서로를 바라보며 인식하는 행위는 몸으로 느끼는 만남이며 기본적인 상호작용입니다. 이 상호작용을 통해 아이는 세상을 향해 마음을 열고 세상과 하나가 됩니다. 아무도 자신을 보지 않는다고 느낄 때 아이는 자존감이 떨어지고 버림받은 기분이 듭니다. 누군가 나를 보고 있다는 감각에는 상대가 나의 존재나 행동을 인식한다는 것 이상의 의미가 있습니다. 상대가 나를 인간으로 인식하고 존중하며 나와 관계를 맺는다는 의미이기 때문입니다. 즉 누군가 나를 보고 있다는 것은 내가 봐줄 만큼 가치 있는 존재라는 의미이기도 합니다.

숨바꼭질의 의미는 무엇보다 발견되는 데 있습니다. 작가 프리드리히 아니는 한 소설에서 보육원을 도망쳐 나와 며칠 동안 숨어 지낸 아이의 이야기를 들려줍니다. 소설의 주인공 쥐덴은 그 아이를 찾아낸 후 왜 아이가 도망쳤는지 이유를 알아내려 애씁니다. "넌 세상 누구의 눈에도 네가 보이지 않는다고 생각했을 거야. 그래서 생각했겠지. 아무도 날 못 보니까 도망쳐도 모를 거라고.” 소설의 다른 곳에선 이런 말도 합니다. “사라지고 나서야 보이는 사람들이 있는 법이지.” 아이는 몸을 숨기곤 누군가 자신을 찾아주기를 바랍니다. 언제나, 계속해서 몇 번이고.

리자의 할머니는 숨바꼭질을 좋아합니다. 리자가 왜 그리 숨바꼭질을 좋아하는지는 모르겠지만 이유야 상관없습니다. 리자가 좋아하니 할머니도 좋을 뿐입니다.

“내일도 나를 찾아줄 거죠?”

초등학교 3학년인 얀은 아동 상담치료를 받는 중입니다. 아이는 상담 시간마다 숨바꼭질을 하자고 합니다.

상담 초기엔 기다리는 시간이 짧았습니다. 선생님이 숨을 곳을 찾기 시작하면 금방 “나 이제 찾아요”라고 외치며 눈을 떠버렸습니다. 하지만 만남이 이어질수록 아이가 눈을 감고 기다리는 시간도 늘었습니다. 얀이 숨을 때도 마찬가지입니다. 처음엔 얼른 찾아야 했습니다. 하지만 요즘은 숨어서도 오래 참고 기다립니다. 선생님이 반드시 자신을 찾아주리라는 확신이 생긴 겁니다.

얀의 사연은 상실과 단절의 이야기입니다. 모로코에서 태어난 아이는 지금 독일에서 아빠랑 둘이 삽니다. 엄마와 할머니는 모로코에 남았습니다. 얀과 아빠는 독일에 와서도 이사를 여러 번했습니다. 아빠는 이리 뛰고 저리 뛰며 돈을 벌기 위해 애쓰지만, 낯선 나라에서 아는 사람 하나 없이 괜찮은 일자리를 구하기가 쉽지 않습니다. 집에 혼자 남은 얀은 아무도 자신을 바라보지 않는다고 느낍니다. 늘 버림받을까 봐 불안합니다. 그래서 아이는 상담 시간마다 숨바꼭질을 하려고 합니다. 누군가가 자신을 찾아주기를 간절히 바라기 때문입니다. 얼마나 빨리 찾느냐는 중요하지 않습니다.

숨바꼭질은 거의 매번 얀의 승리로 끝납니다. 하지만 놀이가 끝날 무렵이 되면 얀은 선생님께 승리를 양보하기도 합니다. 그럴 때 보면 얀은 참 마음이 넓은 아이입니다. 좋아하는 사람한테는 흔쾌히 승리를 양보하니까요. 아이에게 중요한 것은 누군가 자신을 찾아주며 그 사람과의 관계를 확신할 수 있다는 믿음입니다.

아이가 숨바꼭질을 좋아하는 이유는 누군가 자신을 봐주고 찾아주는 것이 좋기 때문입니다. 하고 또 해도 할 때마다 새롭습니다. 아이에겐 자신을 바라보는 누군가의 눈길이 당연하지 않습니다. 누군가 자신을 봐줄 때마다 흥분되고 신이 납니다.

부모님과 선생님 들은 어른이 아이를 지켜보는 건 당연하다고 말할 겁니다. “당연히 보죠. 애들이 옆에 있는데 어떻게 안 봐요?” 하지만 아이에겐 그게 당연하지 않습니다. 아이에겐 누군가 자신을 봐주고 찾아주는 경험이 계속해서 필요합니다. 그런 의미에서 아이에게 숨바꼭질은 재미난 놀이인 동시에 격렬한 싸움입니다. 놀면서 애착과 결속을 쟁취하려는 몸부림입니다. 계속해서 자신을 지켜보고 찾아 달라는 무언의 외침입니다.

아이의 숨은 지혜

아이와 숨바꼭질을 자주 하세요. 아이를 열심히 찾아주세요. 적어도 하루 한 번은 아이에게 알려주세요. 네가 얼마나 특별한 존재인지, 얼마나 대단한 존재인지를.

짓기와 쌓기

자기만의 세계를 만든다는 것

한나는 플레이모빌을 좋아한다. 유치원 때부터 그걸 가지고 놀았다. 여덟 살이 되어 학교에 들어간 지금도 플레이모빌이라면 사족을 못 쓰고 매일 가지고 논다. 요즘 꽂힌 플레이모빌 세트는 '요정 나라'이다. 한나는 요정과 다람쥐와 다른 피규어들을 가지고 매일 '요정 나라'를 새로 꾸민다. 친구들을 집에 데려와 같이 꾸밀 때도 있다. 다들 자기 피규어를 하나씩 정해서 그것으로 '요정 나라'를 거닐기도 하고 모험을 떠나기도 한다. 그곳은 한나의 세상이다.

한나는 다른 플레이모빌 피규어들도 수집한다. 자주 부모님을 따라 벼룩시장에 가서 싸게 나온 피규어가 없나 살핀다. 작년 크리스마스엔 정말로 기뻤다. 할머니, 할아버지와 외할머니, 외할아버지가 돈을 모아서 커다란 '인형의 집'을 사줬기 때문이다. 널따란 발코니에 꽃밭도 있고 초인종도 달린 이층집이었다. '인형의 집'은 '요정 나라'와는 인테리어도 크기도 다르지만 한나는 이 둘을 멋지게 조합해서 가지고 논다. 플레이모빌을 만든 회사가 가르쳐주지 않았어도 한나는 이렇게 자기만의 세상을 창조한다.

슈테판은 레고를 좋아했다. 어릴 적부터 레고만 있으면 소리도 내지 않고 혼자서도 잘 놀았다. 처음엔 설명서에 적힌 대로 집을 짓고 자동차를 만들었다. 하지만 거기서 그치지 않고 설명서를 중간에 변형하기도 하고 아예 처음부터 자기 마음대로 짓기도 했다. 열네 살이 된 지금은 컴퓨터로 집을 짓는다. 그사이 다양한 버전이 출시된 심즈The Sims 게임으로 자신만의 세상을 건설했다. 사람을 만들고, 도로를 깔고, 집을 짓고, 풍경을 창조하고, 공장도 지었다. 그는 자신의 세상을 창조하고 정복한다.

아이의 생활 세계는 태어날 때 정해집니다. 아이는 어른들의 세상에 태어나 그곳에 뿌리를 내립니다. 때로는 힘차게 때로는 약하게, 때로는 왕창 때로는 살짝. 그러니까, 생활 세계라는 말은 객관적으로 존재하는 곳이 아니라 아이가 스스로 느끼고 배운 경험을 바탕으로 관계 맺는 어른들의 세계를 의미합니다. 이 생활 세계는 태어난 후 가장 먼저 만나는 가까운 사람들, 몸을 뉜 작은 침대 등 아이의 주변 환경으로부터 시작됩니다. 그리고 시간이 지나면서 점점 더 커지고 넓어집니다. 하지만 첫 침대는 어른이 고른 것이며 가까운 사람들도 어른이 속한 환경에서 따라온 사람들입니다. 아이는 이 어른의 생활 세계를 일부나마 자기 것으로 만들려고 합니다.

따라서 놀이와 만들기는 어른의 세상에 자신만의 생활 세계를 창조하려는 아이의 시도입니다. 컴퓨터 게임 중에도 그런 게임들이 많습니다. 예전에 인기가 많았던 기차놀이 세트도 비슷합니다. 플레이모빌과 레고 피규어들이 아이들의 사랑을 많이 받는 이유도 마찬가지입니다. 바로 자신이 잘 아는, 자신이 '결정권자'인 세상을 만들 수 있다는 것입니다. 그러니까 그곳은 이미 만들어져 있고 아이가 들어가서 적응하며 살아야 하는 어른들의 생활 세계와는 정반대인 곳입니다. 뿐만 아니라 그 세상으로 좋아하는 사람을 끌어들여 함께 놀 수도 있습니다.

"내 세계로 놀러올래요?"

만들기의 의미는 창조입니다. 아이는 만들기를 통해 자신의 세상을 창조합니다. 그러면서 자의식과 자기효능감을 키우고,

주체적이고 독립적으로 자신만의 세상을 만들고 정복해나갑니다. 그러지 못하면 모험심과 탐구 정신과 함께 호기심도 시들어 버립니다.

찰스는 소위 말하는 '문제아'입니다. 수업 시간에 수시로 멍때리거나 딴짓을 하고 선생님이 물어도 대답을 하지 않습니다. 심리치료를 받으러 상담실에 왔을 때도 구석에 가만히 앉아만 있었습니다. 아이의 눈을 보니 외로움이 가득했습니다. 집에 찾아가 부모님을 뵙고서야 이유를 알 것 같았습니다. 두 분 모두 아들에게 애정과 관심은 많았지만 매우 성공 지향적이었고 직장 생활로 바빴습니다. 찰스는 부모님의 세계에서 자신의 자리를 찾지 못한 것처럼 보였습니다.

나는 찰스에게 온갖 물건이 든 놀이 상자를 내밀었습니다. 식물 껍질 한 조각, 단추 여러 개, 돌, 천 조각, 레고와 플레이모빌 피규어…… 찰스는 어리둥절한 표정으로 나를 보았고 내가 용기를 북돋아주자 상자에 손을 넣어 이것저것 만져보더니 마침내 물건 몇 개를 꺼내 쭉 펼쳐놓았습니다. 그 후로 우리는 세 번을 더 만났고 그때마다 찰스는 그 물건으로 자신의 세계를 점차 키워나갔습니다. 그러면서 조그맣게 혼잣말을 했는데, 덕분에 나는 아이와 아이의 동경에 대해 많은 것을 알게 되었습니다. 그리고 마침내 아이는 같이 놀자고 나를 자기 세계로 초대했습니다.

찰스가 발전이 가능했던 건 무엇보다도 누구에게도 방해받지 않고 어른의 관심에 힘입어 자신의 세계를 만들 수 있었기 때문입니다. 아이는 자신이 원하는 대로 세계를 만들 수 있었고 그럼으로써 세계에 대한 나름의 감각을 키웠던 겁니다. 물론 부모의 세계에 소속되지 못한 문제까지 당장 해결할 수는 없었지만 어쨌든 첫발은 내디딘 셈입니다.

아이들의 지혜는 만들고 짓는 것으로 표현됩니다. 단순히 피규어를 만드는 수준을 넘어 자신의 생활 세계를 창조하는 과정에서 아이들의 지혜는 저절로 드러납니다.

아이의 숨은 지혜

아이에게 만들기를 시켜보세요. 레고 같은 블록 장난감도 좋지만 모래나 돌, 나무토막 같은 자연의 재료로도 충분합니다. 아이와 함께 세상을 만들어보세요.

아이의 공명하는 지혜를 탐구하세요

어른도 말을 하고 싶은데 적당한 표현을 찾지 못할 때가 있습니다. 이유는 다양합니다. 아이는 더 그렇습니다. 아이는 아는 어휘가 많지 않고 표현 능력도 충분하지 않습니다. 그래서 하고 싶은 말이 있어도 다 말로 표현하지 못합니다.

때로는 아이 자신도 이게 대체 무슨 일인지 이해하지 못할 때가 있습니다. 너무 당황스럽고 혼란스러워서 자신의 머리와 마음에서 일어나는 일을 제대로 정돈하지도, 밖으로 표출하지도 못합니다. 창피해서 말을 하지 않는 경우도 부지기수입니다. 말하고 싶은 내용에 확신이 없거나 예전에 비슷한 말을 했다가 비웃음을 받고 창피를 당한 경험이 있기 때문입니다.

흥분 또한 아이의 말문을 막는 잦은 원인입니다. 너무 흥분하면 혀가 꼬입니다. 그래서 아이는 한 말을 하고 또 하며 계속 반복하거나 아예 입을 닫아버립니다.

그러니까 아이는 자신의 심정을 어른들에게 알릴 수 없을 때가 많습니다. 무슨 일인가 해서 물어도 얼른 대답이 돌아오지 않습니다. 따라서 우리는 그때 느끼는 감정과 상태를 가볍게 넘겨선 안 됩니다. 그것이 아이의 감정과 상태를 알려주는 단서일 수 있기 때문입니다. 만약 내가 아이의 행동을 참을 수 없다면 아마 아이 역시 뭔가를 참을 수가 없는 상태일 겁니다. 아이 때문에 내가 불안하다면 아이 역시 지금 무언가로 불안을 느낄지 모릅니다. 아이로 인해 내가 죄책감과 수치심과 슬픔을 느낀다면 아이 역시 같은 감정을 느낄지 모릅니다. 다만 아이는 그 감정을 드러내 보이지 못하고, 말로 표현하기는 더더욱 어려워할 뿐입니다.

'공명'은 영혼의 진동

이 사실을 항상 염두에 둬야 합니다. 우리의 감정은 아이의 감정에 물들어 함께 진동하고 동요하곤 합니다. 물론 우리 감정은 우리의 생애와 상태, 활력이 근원입니다. 하지만 동시에 아이가 무엇을 느끼는지 알려주는 단서이기도 합니다. 우리는 그것을 일컬어 '공명'이라 합니다.

공명Resonance이라는 말은 라틴어 'Resonare'에서 왔습니다. 'Sonare'는 '울리다, 진동하다'라는 뜻이고 'Re'는 어떤 것이 이리저리, 왔다 갔다 흔들린다는 뜻입니다. 그러므로 공명은 사람 사이를 오가는 영혼의 진동을 의미합니다. 분위기, 상태, 감정, 기분의 진동이죠. 아이가 슬프면 그 슬픔은 우리 안에 메아리로 울려 우리의 감정을 뒤흔듭니다. 그래서 우리 역시 아이와 같이 슬픔을 느끼게 됩니다.

이런 감정과 상태의 진동(혹은 공명)은 아이를 이해하는 중요한 열쇠입니다. 나는 이것을 '아이들의 지혜'라고 생각합니다. 표현이 어려운 아이는 자신이 말하지 못한 것을 어른들이 느끼게 함으로써 자신의 감정을 전달합니다. 이것은 아이가 주는 선물입니다. 아이에게 다가갈 수 있도록, 언어를 넘어 서로 이해하고 좋은 관계를 맺을 수 있도록 아이가 우리에게 건네는 선물입니다.

가령 당신이 수치심을 느낀다면 그 감정은 아이가 느끼는 수치심의 공명일 수도 있다는 추측이 가능합니다. 물론 앞에서도 말했듯 추측일 뿐 확실한 판단은 아니지만 이해의 틈새는 열립니다. 그러니 그 감정을 섣불리 단정하지 말고 단서로 생각해, 아이와 접촉하여 그 단서를 검증하면 됩니다.

가령 아이에게 이렇게 물어보세요. "너 혹시 창피해?" 하지만 이런 직설법은 적절한 분위기에서만 사용해야 합니다. 다른 어떤 감정보다도 수치심은 정곡을 찔렸다 해도 말하기 곤란한 까다로운 감정이기 때문입니다. 다른 감정의 경우엔 대답하기가 좀 더 수월할 겁니다. 가령 "너 무서워?" 혹은 "슬프니?"라고 묻는다면 아이는 조금 더 솔직하게 자신의 감정을 털어놓을 수 있습니다.

아이가 쑥스러워서 감정을 이야기하지 않을 수도 있습니다. 그럴 때는 내 경험으로 미루어보건대 어른이 먼저 창피했던 경험을 고백하면 큰 도움이 됩니다. 가령 예전에 학교 다닐 때 앞에 나가 발표할 일이 있었는데 너무 창피해서 말이 나오지 않았다거나 아빠 생일을 까먹어서 엄청 미안했다거나 하는 경험들 말입니다. 어릴 적 당신은 뭐가 창피했던가요? 그때 어떻게 대처했나요? 지금도 창피할 때가 있나요? 당신의 고백을 아이는 분명 귀 기울여 듣고, 용기를 얻어 자신의 수치심과 불안, 분노를 당신과 나눌 겁니다. 지금 당장은 아니라 해도 가까운 미래에는 분명 그럴 겁니다.

비밀

사소하지만 너무 소중한

다섯 살 스벤이 유치원에서 그림을 그린다. 그림이 마음에 든 아이는 곧 다가오는 엄마의 생일에 선물로 줘야지 하고 생각한다. 깜짝 선물로 엄마를 놀라게 해주고 싶어서 아무한테도 들키지 않게 방에 잘 숨겨둔다. 그런데 누나가 공책을 찾다가 그 그림을 보고는 아무 생각 없이 책상에 올려놓는다. 책상에 놓인 그림을 본 스벤은 절망한다. 비밀이 발각되었기 때문이다. 스벤은 엉엉 울음을 터트린다.

여덟 살 엘자가 사랑에 빠졌다. 나이와 상관없이 아이의 사랑은 깊고 진지하다. 하지만 자신의 마음을 비밀로 간직하고 싶다. 좋아하는 남자아이 말고는 아무도 그 사실을 몰라야 한다. 둘은 쪽지를 주고받고 눈빛과 몸짓으로 마음을 전한다. 혹시라도 누가 알면 놀리며 비웃고 어리다고 무시할까 봐 겁이 난다. 그래서 사랑을 비밀로 간직하려 한다.

루카스는 친하던 친구가 갑자기 이사를 가버렸다. 너무너무 마음이 아프고 슬프다. 멀어져버린 우정이 그립다. 하지만 겉으로는 아무렇지 않은 척한다. 누가 괜찮냐고 물으면 별일 아니라는 듯 씩 웃는다. 하지만 마음은 너무너무 아프다.

위의 세 사례에서 아이들은 모두 은밀한 비밀을 간직합니다. 그리고 그 비밀을 지키고픈 아이들의 마음은 정당합니다. 물론 루카의 경우 친구를 잃은 아픔과 슬픔을 나눈다면 훨씬 견디기 수월할 겁니다. 하지만 아이들에게도 비밀을 간직할 권리가 있습니다.

모든 인간에겐 각양각색의 경험 공간이 있습니다. 우리는 이것을 '의미의 공간'이라고 부릅니다. 이 공간에는 먼저 '내면의 핵'이 있고, 다음으로 '은밀한 공간', '개인적인 공간', '공적인 공간', '만남의 공간' 등이 있습니다. 은밀한 공간은 X선 사진이나 해부학 도감에선 보이지 않습니다. 몸으로 느끼는 경험의 공간이기 때문입니다. 이곳은 몸이나 생각, 마음으로 남과 나누고 싶지 않거나 특별한 조건에서만 나누고 싶은 것, 공공의 눈과 귀에 들어가서는 안 되는 은밀한 것들을 감싸고 껴안는 공간입니다.

아이에게는 자신의 은밀한 공간의 경계를 지킬 권리가 있고 어른들에겐 그런 아이의 은밀한 경계를 지켜줄 의무가 있습니다. 폭력을 휘두르거나 창피를 줘서, 혹은 계속 채근해서 그 경계를 넘으려 해서는 안 됩니다. 물론 아이에게 감정과 기분, 상태와 생각을 함께 나누자고 요구하고 권유할 필요는 있겠지만 그만큼 아이의 은밀한 공간을 존중하고 지켜주는 일 역시 필요하고 중요합니다. 아이의 비밀 보호 권리를 인정해주는 것도 그중 하나입니다.

"나도 말하기 싫은 게 있는데……."

카르멘의 가족은 정직이 가훈입니다. 모두가 무슨 일이든 다 솔직하게 털어놓아야 합니다. 혼자서만 간직하는 비밀 같은 건 있을 수 없습니다. "우리 가족은 원래 그래. 우리는 무엇이든 다 나눠야 해." 만일 누군가 말을 하지 않으면 당장 이런 질책이 돌아옵니다. "너 나 못 믿니?" 온 식구가 서로에게 이런 식으로 정직을 요구합니다.

카르멘은 이런 집안 분위기에 두 가지 방식으로 대응합니다. 한편으로는 분위기에 맞춰 많은 이야기를 털어놓습니다. 심지어 언니가 '하지 말아야 할 짓'을 저지르고 숨기려 한다고 엄마한테고자질한 적도 있습니다. 하지만 또 한편으로는 아주 작지만 은밀한 공간을 마련합니다. 그곳은 무슨 일이 있어도 꼭 지키고 싶은 자신만의 공간입니다. 가족이 신앙심이 깊어 카르멘은 이런 생각을 하게 되었습니다. '나의 기도는 하느님만이 들으실 수 있어. 우리 가족한텐 비밀이야. 그래도 어쨌든 그건 비밀이 아니야. 하느님은 모르는 것이 없으시니까.' 이는 자신의 세상(다른 사람은 모르는 것, 공개하고 싶지 않은 것, 자신만의 것)을 지키려는 카르멘 나름의 노력입니다.

또 다른 아이 율리아는 친한 친구한테서 가출할 생각이라는 말을 들었습니다. 친구는 율리아에게 절대로 아무에게도 말하지 말라며 다짐을 받아냅니다. 만일 이야기를 한다면 배신이라고, 친구니까 꼭 비밀을 지켜야 한다고 말입니다. 율리아는 너무 괴롭습니다. 열세 살밖에 안 된 친구가 가출해 혼자 큰 도시로 나간다면 위험할 것이 불을 보듯 뻔하기 때문입니다.

율리아의 고민이 깊어지자 부모님과 선생님이 눈치를 채고 무슨 일이 있냐고 묻습니다. 율리아는 절대로 입을 열지 않지만 이러지도 저러지도 못해 속이 새카맣게 타들어 갑니다. 말을 하자니 친구를 배신하는 것이요, 말을 안 하자니 친구가 너무 위험합니다. 그러나 친구가 내일 밤에 가출을 감행할 것이며 큰 도로에서 지나가는 아무 차나 얻어 타 큰 도시로 갈 거라고 말하자 율리아는 엄마한테 달려가 사실을 털어놓고 맙니다.

"엄마 이거 비밀인데, 아무한테도 말하면 안 되거든. 근데 어떻게 해야 할지 모르겠어."

엄마는 율리아의 마음을 꿰뚫어 보고서 차분하게 설득을 시작합니다. 비밀을 발설하지 않는 것은 분명 좋은 일이고 우정을 위해서도 올바른 행동이라는 말로 율리아를 달랩니다.

"하지만 비밀을 지키는 바람에 친구가 위험해지거나 고통을 당해도 도와줄 수 없는 것보단 비밀을 발설하더라도 친구를 돕는 것이 우정을 지키는 길이야." 엄마의 말이 큰 도움이 됩니다. 율리아는 결국 모든 사실을 털어놓습니다.

때로 아이가 '철벽을 치는' 것 같고 '고집불통'인 것 같아도 이는 알고 보면 은밀한 비밀을 지키려는 노력인 경우가 많습니다. 비밀의 보장이라는 권리를 지켜내기 위한 아이의 필사적 투쟁인 셈입니다. 따라서 우리 역시 이런 은밀한 공간의 권리를 인정하고 존중해줘야 합니다.

아이의 숨은 지혜

아이의 비밀을 허용하고 은밀한 공간의 경계를 존중해줘야 아이의 자존감과 자신감도 자란답니다.

미소

"말하지 않아도 알아요"

카타리나는 방긋방긋 잘도 웃는 '방실이'이다. 생후 10개월인 카타리나가 식탁 옆 아기 의자에 앉아 알록달록한 손수건을 가지고 논다. 할머니가 놀러 왔는데도 아이는 잠깐 고개를 들어 힐끗 쳐다보기만 하고는 다시 손수건에 정신이 팔린다. 잠시 후 할머니의 목소리가 들린다. 아이가 고개를 들어 할머니 얼굴을 빤히 쳐다본다. 아이의 얼굴에 환한 미소가 퍼진다. 할머니를 향해 눈부신 미소를 날린다. 할머니도 따라 미소를 짓는다. 미소는 전염이 되는 법이니…….

파울이 레고 블록을 가지고 쌓기놀이를 하고 있다. 레고는 파울이 제일 좋아하는 장난감이다. 아이는 한참 블록과 씨름을 한다. 온 신경을 쏟아부으며 정성을 다한다. 다리를 만들고 있는데 꽤나 어렵다. 몇 번이나 무너지지만 결국 다리가 완성된다. 아이가 환하게 웃는다. 완성된 다리가 좋아 웃고, 그 다리를 만든 자신이 자랑스러워 웃는다. 온 세상을 향해 활짝 웃음을 꽃피운다.

나는 이런 웃음을 '마음에서 우러나온 미소'라고 부릅니다.

이처럼 아이는 특별한 일을 이루어내거나 만남의 기쁨을 표현할 때 이런 미소를 짓습니다. 어른들도 알아차릴 만큼 꼭 무슨 대단한 사건이 있어야 하는 건 아닙니다. 새가 지저귀는 소리만 들어도, 좋아하는 음식만 해줘도 아이는 환한 미소로 진심을 끌어냅니다. 덕분에 어른들은 평소 같으면 보지도 듣지도 않고 지나쳤을 것들을 알아차리며 기쁜 마음으로 함께 웃게 됩니다.

마음에서 우러나온 아이의 미소는 크나큰 선물입니다. 그렇기에 할머니는 카타리나의 웃음에 화답하지 않을 수 없습니다. 절로 미소를 지으며 아이와 기쁨을 나눕니다.

내가 이런 웃음을 '마음에서 우러나온 미소'라고 부르는 것은 그것이 마음 저 깊은 곳에서 솟아난 미소이기 때문입니다. 미소에 마음을 담아 온 얼굴과 온몸으로 주변 세상에 전하기 때문입니다. 아이의 미소는 자발적이고 경험적입니다. 아이의 경험은 억압되거나 흐려지지 않은 채 얼굴에 미소라는 형태로 피어오릅니다. 그걸 본 어른들은 어찌할 도리가 없습니다. 그저 따라 웃을 수밖에.

미소에 반응하는 우리의 행동은 아이의 용기를 북돋을 수도, 반대로 꺾을 수도 있습니다. 아이의 감정에 대한 우리의 모든 반응이 그렇습니다. 우리가 진심으로 반응하면 아이는 용기를 얻어 자신의 감정을 한껏 표출합니다. 분노든, 슬픔이든, 마음에서 우러나온 미소든.

"내 미소에 함께 웃어주세요."

미소는 미소 그 자체로 의미가 있습니다. 다른 목적이 없는 순수하고 진정한 기쁨의 표현이기 때문입니다. 어른이 시켜 어쩔 수 없이 몸에 익힌 억지 예의나 친절과는 전혀 다릅니다.

따라서 마음껏 웃을 수 없거나 웃어도 아무 반응이 없는 경우, 심지어 비웃음을 사는 경우 웃음은 저절로 사라집니다. 웃음기가 사라진 아이의 얼굴은 긴장으로 굳습니다. 웃음의 자리에 조바심과 경계가 들어섭니다.

플로리안의 얼굴은 늘 굳어 있습니다. 알코올 중독인 엄마는 술만 마십니다. 아이가 어릴 적 엄마는 아이가 웃어도 웃는 줄 몰랐습니다. 아이가 아무리 웃어도 엄마는 반응해주지 않았습니다. 그래서 아이는 더 이상 웃지 않습니다. 진심으로 환하게 웃었는데도 아무도 몰라주니 아이는 마음을 다칩니다. 그 상처가 아이의 웃음을 질식시킵니다. 아이는 웃음을 멈춥니다. 아이로서는 현명한 대책입니다. 안타깝지만.

아이의 숨은 지혜

아이가 웃을 때는 꼭 반응하고 따라 웃어주세요.

팬심

누구나 한번쯤 팬이 된다

알리는 시리아에서 독일로 온 난민이다. 아홉 살이나 되었지만 아직 독일어가 어색하다. 알아들을 수는 있어도 하고 싶은 말을 술술 표현할 수는 없다. 그래서 다른 난민 아이들과 함께 독일어 수업을 듣는다.

오늘은 선생님이 아이들에게 스케치북 한 장과 펜을 나누어주면서 그림을 그리라고 한다. 그리고 독일어를 조금 더 잘하는 고학년 아이의 도움을 받아 커서 뭐가 되고 싶은지 묻는다. 그러니까 오늘은 미래의 자기 모습을 그리는 시간이다. 알리는 커다란 공 하나와 축구 선수 한 명을 그린다. 그림이 완성되자 자랑스러운 표정으로 선생님께 가져간다.

선생님이 축구 선수를 가리키며 알리냐고 묻는다. 알리가 고개를 끄덕인다. 잠시 생각하던 아이는 다른 아이의 도움을 받아 영어로 이 사람은 원래 호나우두라고 말한다. 선생님이 호나우두의 어디가 좋냐고 묻자 알리는 눈을 반짝이며 영어와 독일어와 아랍어를 마구 뒤섞어가며 호나우두 자랑을 하기 시작한다.

쉬는 시간이 되자 아이는 그림 속 축구 선수의 유니폼에 큰 글씨로 "호나우두"라고 적어 넣는다. 그리고 옆자리 친구에게 그림을 보여주며 말한다. "나는 호나우두야."

수잔은 BTS의 팬이다. BTS 중에서도 정국이 '최애'다. 열 세 살인 수잔은 돈이 많지 않아 CD를 많이 사지는 못하지만 음악 방송이며 음원 서비스에서 BTS의 모든 노래를 다운 받아 하루 종일 무한 반복으로 듣는다. 지난번 생일에는 부모님이 콘서트 티켓을 선물로 사주셨다. 너무 좋아서 쓰러지는 줄 알았다.

수잔은 BTS에 관한 것이라면 무조건 모은다. 온 방이 BTS 사진으로 빼곡하고, 용돈을 아껴 굿즈를 산다. 연말이면 달력과 다이어리도 빼놓을 수 없다.

친구들이 BTS가 왜 좋으냐고 물으면 수잔은 큰소리로 외친다. "전부 다!" 하루 종일 BTS 이야기를 하라고 해도 쉬지 않고 할 수 있을 것 같다.

아이는 어른과 자신을 동일시합니다. 그런 동일시는 사실상 언제 어디서나 일어나며, 대부분 의식하지 못한 채 진행됩니다. 그런데 그 동일시가 특정 인물에 집중될 때가 있습니다. 대부분 축구 선수나 영화배우, 가수 같은 유명인입니다. 무엇이 계기인지는 정확하지 않습니다. TV에서 본 어떤 장면일 수도 있고, 특정 제스처나 노래 가사, 혹은 멜로디일 수도 있습니다.

대상이 무엇이든 아무래도 좋습니다. 모두는 아니어도 거의 모든 아이가 한번쯤은 팬이 됩니다. 그럴 필요가 있고 또 그럴 수 있어야 합니다. 팬이 된 아이는 온 마음을 다합니다. 어른이 놀랄 정도로 그 사람과 자신을 동일시합니다. 굿즈를 수집해 옷을 장식하고 방을 도배합니다. 아이는 자신의 스타를 숭배하며 때로는 극단적일 정도로 철두철미하기까지 합니다.

팬이 된다는 것은 소속감을 선사합니다. BTS에게 빠진 소녀는 아미(BTS 팬클럽)라는 거대한 집단의 일부입니다. 축구팀이나 특정 축구 선수의 팬은 그 팬클럽의 팬이기도 합니다. 이런 소속감은 입는 옷의 색깔과 듣는 음악 및 다른 외형적 증표로 강화됩니다. 이 강력한 결속은 민족이나 종교가 주는 소속감 못지않게 신뢰와 안정을 줍니다. "나는 나다. 호나우두의 팬이기 때문이다." '나는 나'라는 자긍심은 팬 문화를 통해 줄어들기는커녕 더 자라고 커집니다.

아빠나 엄마를 따라 팬이 될 때도 있습니다. 아빠가 보루시아 도르트문트 축구팀의 팬이어서 아들도 따라 팬이 됩니다. 거꾸로 부모가 열광하는 대상과 거리를 두기 위해 부모와는 전혀 다른 스타를 택하는 경우도 많습니다. 아이는 다름을 찾고 고유성을 표현하기 위해 부모와는 다른 운동선수, 다른 음악, 다른 단체를 숭배하기도 합니다.

“우리의 열정을 응원해주세요”

루시아는 아니메 팬입니다. 아니메란 일본 만화 영화나 TV 애니메이션 시리즈를 말합니다. 일본 만화책은 망가라고 부릅니다. 루시아는 좋아하는 망가 시리즈를 모으고 아니메를 봅니다.

루시아는 아니메를 우연히 TV를 보다가 알게 되었습니다. 루시아는 소심한 아이라 학교에서 왕따를 많이 당했고 친구들한테 놀림도 많이 받았습니다. 친한 친구도 없어서 학교에 가면 항상 혼자였습니다. 그런데 아니메와 망가를 알게 되면서 새로운 소속을 찾았습니다. 독일에도 아니메와 망가에 열광하는 팬들이 많다는 사실을 알게 되었기 때문입니다.

루시아는 특히 자기가 좋아하는 아니메 캐릭터를 주인공으로 소설을 쓰거나 연작을 하는 팬픽에 관심이 많습니다. 또 인터넷을 통해 근처에 사는 친구를 찾은 덕분에 둘이서 아니메 팬클럽

모임에도 나가고 캐릭터 옷을 직접 만들어 코스프레 대회에도 참가합니다. 항상 혼자였고 아웃사이더였던 루시아는 팬이 되면서 소속감을 얻었습니다. 어떤 이유에서건 따돌림을 당한다는 기분이 들 때는 루시아처럼 새로운 단체, 새로운 공동체를 찾아 소속감을 키울 필요가 있습니다.

루시아의 사례는 팬 문화의 의미를 말해줍니다. 팬 문화는 동일시할 인물과 소속감을 찾으려는 아이의 노력입니다. 따라서 우리는 아이가 걷는 이 길을 지지하고 응원해줘야 합니다. 아이의 열정을 그저 지켜보며 관심을 가져주기만 하면 됩니다. 아이가 속한 곳이 위험하거나 아이에게 해로울 수 있다는 걱정이 들거든 아이에게 물어 그가 무엇을 중요하게 생각하는지 들어보세요.

어른이나 친구들이 팬심을 비웃거나 경멸할 경우 아이는 모욕감과 굴욕감을 느낍니다. 자아가 한껏 성장하고 인격이 활짝 피어나려면 아이에겐 소속감이 필요합니다. 팬심은 소속감을 통해 자존감을 키우려는 아이의 지혜입니다.

아이의 숨은 지혜

한번 곰곰이 생각해봅시다. 당신은 무엇에 열광하나요? 누구의 팬인가요? 예전에는 어땠나요? 당신의 팬심을 아이와 나누고 아이의 팬심에도 관심을 기울여보세요.

함께 행복해지는 심리 수업

어릴 적 스스로에게 물어보세요

아이를 어떻게 키워야 할지 사방에서 조언이 밀려듭니다. 부모, 이웃, 친구의 조언은 물론이고 육아 책들도 쏟아져 나오고 인터넷은 온갖 정보로 넘쳐납니다.

그 모든 정보는 다 나름대로 중요하고 소중하며, 아이를 이해하고 아이와 좋은 관계를 키워나가는 데 매우 유익합니다. 하지만 우리에겐 그보다 더 중요한 것이 있습니다. 우리 모두가 간직한 아주 소중한 기본 소양입니다. 바로 우리 스스로가 아이이던 시절이 있었고, 아이로 살며 온갖 경험을 했다는 사실입니다.

그런데 안타깝게도 어른들은 이 소중한 경험을 유익하게 활용하지 못할 때가 많습니다. 가령 무의식적으로 이렇게 생각하곤 하죠. "나도 어릴 때 괜찮았으니까 우리 애들도 괜찮겠지." 이런 생각은 어릴 적 우리가 겪은 부정적 경험을 아이에게 그대로 물려줍니다.

혹은 부모처럼 아이를 키우지는 않겠노라 굳게 결심할 수도 있습니다. 때로 우리는 아버지, 어머니와는 전혀 다르게 아이를 키우겠다고 다짐합니다. 하지만 그런 결심 자체가 이미 부모의 큰 영향력을 입증하는 셈입니다. 가령 아버지가 걸핏하면 화를 냈기 때문에 나는 절대 아이에게 화를 내지 않겠다고 맹세했다면, 그 결심은 바람직하지만 부모님의 행동을 아이를 대하는 우리 행동의 지침으로 삼아서는 안 됩니다.

화도 때에 따라선 바람직합니다. 아이에게 확실히 선을 그어주며 훈육을 해야 할 때가 있으니까요. 화도 적절하다면 도움이 될 수 있고, 상대를 무시하거나 자존감을 짓밟지 않는다면 지극히 정상적인 감정 표현의 한 방법입니다. 화에 대한 부정적 경험으로 무조건 화를 내지 않겠다는 결심은 오히려 표현과 행동 방식을 제약하며, 자신에게 상처를 줬던 과거의 사람에게 더 큰 권력을 안겨주는 것과 같습니다.

어쨌든 어릴 적 경험을 최대한 인식하는 것이 중요합니다. 파트너 혹은 친구와 어릴 적 이야기를 나누거나 중요한 몇 가지 경험을 글로 적으면서 곰곰이 떠올려보세요. 아래의 질문이 길잡이가 될 수 있을 겁니다.

어린 시절 좋았던 일들을 떠올려보세요.

- 누가 혹은 무엇이 도움이 되었나요?
- 무엇이 해를 입혔나요?
- 어떤 것이 힘들고 괴로웠나요?
- 그때 무엇이 필요했나요?
- 힘들 때 무엇이, 누가, 어떤 도움을 주었던가요?
- 부모님, 선생님은 어떤 점을 이해하지 못하던가요?

자신의 기억을 믿고 그 흔적을 따라가 보세요. 스스로 질문을 던지고 가능하다면 대답도 찾아보세요.

한 가지 더 조언하자면, 가령 지금 당신이 일곱 살 아이를 키우고 있는데 도무지 아이의 행동을 이해할 수가 없다고 가정해봅시다. 그럴 때는 일곱 살 자신에게 물어보세요. 그 나이에 나는 어땠더라? 일곱 살 때 나는 무엇이 필요했고 무엇이 넘쳤으며 무엇이 모자랐지? 아마 숨어있던 기억이 새록새록 떠올라 아이의 행동을 이해하고 존중할 수 있게 될 겁니다. 어쨌거나 어릴 적 자신의 경험을 적극 활용해봅시다.

감탄

어른은 잃어버린 심장 한 조각

몇 년 전 뒤셀도르프에서 있었던 일이다. 여름이었다. 나는 빨간불에 걸려 사거리에 정차해 있었다. 더워서 차 창문을 열어 놓은 채였다. 교통량이 너무 많아 살짝 짜증이 났다. 바로 옆 인도에 꼬마 하나가 엄마와 함께 서 있었다. 아이가 오른쪽에서 달려와 앞을 지나가는 자동차를 가리키며 소리쳤다. "와, 차다!" 이어 또 한 대가 따라오자 그것도 가리키며 소리쳤다. "와, 차다!" 나는 아이의 감탄에 감동했다. 그리고 저렇게 감탄해본 적이 언제였나 기억을 떠올리려 애썼다.

엘리자베트가 라디오에서 흘러나오는 노래를 듣는다. 아직 말은 못 해도 멜로디는 구분할 줄 알아서 노래를 따라 부르려고 애를 쓴다. 다시 아이가 라디오에서 흘러나오는 소리에 귀를 기울인다. 소리가 날 때마다 좋아하며 활짝 웃는다. 아이는 소리를 모방하며 노래를 따라 부르려고, 화음을 맞추려고 애를 쓴다. 그러다가 다시 멈추고는 눈을 휘둥그레 뜨고 입을 헤 벌린 채 감탄한다.

감탄은 원래 아이들만의 특징이 아닙니다. 인간이라면 누구나 갖는 능력이지요. 하지만 조금만 나이를 먹어도 감탄의 능력은 금세 퇴색하고, 서서히 사라져갑니다. 그래서 우리는 감탄을 그저 아이들의 영역으로 여깁니다. 실제로도 감탄하는 아이는 많이 보지만 감탄하는 어른은 좀처럼 보기 어렵습니다.

감탄이란 뭘까요? 감탄은 세상을 내 안으로 끌어들입니다. 감탄은 놀람입니다. 감탄은 익숙한 것에서도 느낄 수 있습니다. 우리는 매일 뜨는 해, 저녁노을, 습관처럼 듣는 음악의 멜로디에도 불현듯 감탄하곤 합니다. 그렇다고 감탄이 단순히 놀람의 의미만 가지는 건 아닙니다. 감탄은 세상으로 들어가는 정서적 문이자 호기심의 시작이며, 안팎으로 모두 작용합니다. 감탄하는 아이는 세상을 향해 자신을 엽니다. 아이의 감탄은 마음을 활짝 열고 세상의 한 조각을 자기 안으로 들이는 작업입니다.

감탄은 연습이 필요하지 않습니다. 교육도 수업도 필요 없습니다. 그저 마음을 허락하기만 하면 됩니다.

"지금, 여기가 최고!"

아주 오래전 자녀들을 데리고 서커스를 보러 간 적이 있습니다. 지금도 나는 그 마법 같은 장면을 잊지 못합니다. 광대가 커다란 비눗방울을 만들어 가지고 노는 모습에 아이들과 나는 감탄사를 연발했습니다. 하지만 우리의 감탄은 뒷좌석에 앉은 아이의 한 마디로 그만 비눗방울처럼 팍 터지고 말았습니다. "저건 아무것도 아냐. 훨씬 더 큰 것도 봤어."

지금도 나는 비교적 자란 아이들, 특히 청소년들한테서 그런 식의 말을 자주 듣습니다. 비교를 통해 감탄을 망치는 말들. 아이들은 종종 인터넷과 기네스북을 들먹이며 더 크고, 더 넓고, 더 대단한 장면과 사건이 있다고 떠벌립니다. 그들은 유일하고 유의미한 사건만이 중요한 것처럼 자신의 경험을 더 크고 더 좋은 것과 비교합니다. 이런 비교가 감탄을 죽이고 감탄을 경쟁으로 바꾸어놓습니다.

감탄은 경험과의 직접적이고 열린 만남이기에 일체의 비교를 벗어납니다. 떠오르는 태양의 아름다움을 어찌 비교한단 말입니까? 동물원 코끼리의 유유자적한 걸음을, 라디오에서 흘러나온 음악의 마법을 무엇과 비교할 수 있을까요? 감탄은 지금 여기에 있습니다. 감탄은 직접적이고 이 세상에 단 하나밖에 없는 경험입니다.

더 큰 사건, 더 대단한 기록, 더 엄청난 충격을 쫓는 사냥은 다시금 감탄을 느껴보려는 어리석은 경쟁입니다. 어쩌면 그런 경쟁에도 직접적인 감탄을 느껴보고픈 수많은 사람들의 동경이 숨어 있는지 모르겠습니다. 하지만 감탄은 경쟁과 노력을 벗어납니다. 감탄하는 아이는 심장의 한 조각을 우리에게 보여줍니다. 자신이 가진 그 모든 감정으로 세상을 직접 마주하고 세상을 자기 안으로 들이는 능력을 보여주는 겁니다.

아이의 숨은 지혜

아이가 오래오래 감탄할 수 있으려면 우리 어른들이 함께 감탄해야 합니다. 그게 안 된다면 아이의 감탄에 전염되어 보기라도 해야 합니다. 아이와 함께 감탄하세요. 언제 마지막으로 감탄했는지 한번 기억을 더듬어보세요. 무엇 때문에 감탄했나요?

시간 감각

같은 순간, 다른 경험

아빠가 다비트에게 아이스크림을 먹으러 가자고 약속한다. "그런데 지금 하던 일을 마쳐야 갈 수 있어. 10분밖에 안 걸리니까 조금만 기다려." 아빠가 다비트에게 설명한다.

3분이 지나자 아이가 칭얼대며 아빠에게 묻는다. "10분 지났어?" 2분 후에 또 묻는다. "이제 10분이야?" 아이는 계속 묻는다. 10분이 너무 길다. 아빠에게는 금방이지만 다비트에겐 영원이다.

셀마는 반대다. 셀마는 꼼지락거린다. 아침마다 유치원에 가기 전에 잠깐 인형놀이를 해야 한다. 정말 잠깐일 뿐이다. "나 금방 갔다 올게." 인형들에게 작별 인사도 해야 한다. 엄마는 시간이 없다고 셀마를 재촉한다. 엄마는 얼른 셀마를 유치원에 데려다주고 출근해야 한다. "알았어. 2분만." 셀마가 대답한다.

셀마는 또 노느라 시간을 까먹는다. 엄마가 짜증이 나서 말한다. "왜 엄마를 힘들게 해? 어쩌자는 거야, 유치원 안 갈 거야?" 유치원에 가야 한다는 건 셀마도 안다. 셀마는 엄마를 이해하지 못한다. 아주 잠깐 인형놀이를 한 것뿐인데…….

우리는 객관적인 시간을 압니다. 우리에게 시간은 초, 분, 시, 일로 잰 시간입니다. 이 객관적인 시간은 누구에게나 똑같습니다. 8시에 출근을 한다는 말은 8시에 일터에 있다는 뜻입니다. 하지만 그것과 나란히 주관적인 시간이 있습니다. 우리는 이것을 '시간 경험'이라 부릅니다.

시간은 쏜살같이 날아가기도 하지만 굼벵이처럼 느릿느릿 가기도 합니다. 시간은 우리를 수렁에 빠트려 허우적대거나 헤매게 만들기도 하지요. 그러고는 혼자서 질주하듯 빠르게 달아나기도 합니다.

아이의 시간 경험은 어른들과 다릅니다. 다비트처럼 빨리 아빠와 맛난 것을 먹으러 가고 싶을 때는 시간이 꼼짝도 안 하고 가만히 있는 것 같습니다. 하지만 셀마처럼 잠깐만 인형놀이를 할 때는 시간이 제트기처럼 빠르게 흐릅니다. 셀마가 주관적으로 경험한 인형놀이 시간은 짧아도 너무 짧지만 엄마의 시간은 너무도 느립니다. 셀마에겐 주관적으로 경험한 시간이 중요한데 엄마는 자꾸 시계를 쳐다봅니다.

이렇게 서로 다른 시간 경험이 충돌하면 아이도 어른도 고통스럽습니다. 그래서 객관적 시간과 주관적 시간 경험의 차이를 아는 것이 중요합니다. 안다고 해서 갈등을 피할 수는 없겠지만 서로 이해하는 폭이 넓어질 수 있을 테니까요. 아이는 우리를 힘들게 하려는 게 아닙니다. 그저 '자신만의' 시간을 사는 것일 뿐…….

시간이 멈춰 선 순간

때로 아이는 시간이 멈춘 것 같은 경험을 합니다. 트라우마에 시달리거나 도저히 극복할 수 없는 상실을 겪었을 때 그렇습니다. 시간이 말 그대로 우뚝 멈춰 선 것처럼 느껴져 어떻게 해야 할지 가늠을 할 수가 없습니다. 트라우마나 상실의 충격이 시간을 멈춰 세우는 바람에 시간 감각이 흐트러지고 뒤죽박죽 섞여버린 탓입니다.

이런 아이에게 객관적 시간을 가리키며 경고를 하거나 훈계를 두는 건 아무 소용이 없습니다. 이럴 때 아이에게 필요한 것은 시간을 멈춰 세운 그 근심을 어른이 이해하고 위로해주는 따뜻함입니다.

레온의 아버지가 어느 날 갑자기 집을 나갔습니다. 두 달 전에는 레온이 사랑하던 할머니가 돌아가셨는데 이제 아빠마저 떠나버렸습니다. 작별 인사도 없이 너무나 급작스럽게 말이죠. 엄마와 큰 싸움이 있던 바로 그 날 아빠는 무작정 집을 나갔습니다. 그게 전부입니다.

그날 이후 엄마는 어찌할 바를 모릅니다. 레온의 세상도 예전과 달라졌습니다. 처음 몇 주 동안은 정말 엉망진창이었습니다. 레온은 정신을 차리려고 마음을 다잡았지만 계속해서 학교에 지각합니다. 내일은 절대 지각하지 말아야지 다짐하지만 내일이 되면 또 시간이 훌쩍 지나 있습니다. 수업 시간에 선생님이 과제를 내주면 제시간에 풀지 못하고 숙제도 까먹어버립니다. 쉬는 시간을 마치는 종이 울리면 그제야 화장실에 가고 싶습니다. 말썽이 늘자 결국 선생님도 야단을 칩니다. "너 무슨 일 있니? 시간 잊어먹었어?"

레온이 시간을 잊은 게 아닙니다. 시간이 레온을 잊었습니다. 연속되는 시간과 더불어 당연히 함께할 줄 알았던 가정에서 그만 튕겨 나와버렸습니다. 이것이 레온의 엉망이 되어버린 시간의 배경이자 숨은 의미입니다.

아이에겐 연속성의 경험이 필요합니다. 시간 경험뿐 아니라 삶에서도. 생활 속에서 시간을 맞추지 못하는 행동을 통해 아이는 우리에게 또 하나의 깨달음을 줍니다.

아이의 숨은 지혜

시간 경험이 사람마다 다르다는 것을 아이에게 말해주세요. "시간이 너무 빨리 가지? 너한텐 금방이지만 나한텐 엄청 길게 느껴져." 아이의 시간 경험을 이해하면 아이도 우리의 시간 경험을 이해할 거예요. 지금 당장은 아니더라도 언젠가는 이해할 수 있을 겁니다.

끈기 있게 질문하고 기다려주세요

너무 많은 질문으로 아이를 괴롭히지 않으려는 부모가 있습니다. 아내와 나도 그런 부류입니다. 나쁘지 않습니다. 아이에게도 자기만의 비밀과 혼자만의 공간을 지킬 권리가 있으니까요. 하지만 아이를 이해하고 싶거나 특정 상황에서 아이가 걱정된다면 아이에게 질문을 던지고 대답을 바랄 권리가 우리 어른들에게는 있습니다. 부모가 아이의 마음을 알고 싶고 행동의 이유가 궁금한 것은 아이를 도와주고 싶기 때문입니다. 그런 의도라면 질문은 참 좋습니다.

이해하고 싶을 때는 물어야 합니다. 우리 어른들은 궁금한 것이 있으면 혼자 묻고 혼자 대답하는 경향이 있습니다. 이건 큰 실수입니다. 아이에게뿐 아니라 누구에게라도 그렇습니다. 질문은 혼자 던질 수 있지만 대답은 혼자 할 수 없습니다. 아이의 기분이 어떤지는 아이에게 물어야 합니다. 아이가 뭘 원하는지도, 아이의 의도가 무엇인지도 아이에게 물어야 하지요. 너무 뻔한 말 같지만 그만큼 자주 간과하는 일입니다. 우리는 일상에서 질문의 중요성을 자주 잊곤 하니까요.

물론 앞에서도 여러 차례 말했지만 대답이 돌아오지 않을 때도 많습니다. 아이는 자기가 뭘 원하는지, 왜 기분이 이런지 스스로도 모를 때가 많기 때문입니다. 혹은 어떻게 표현해야 할지를 모르거나 불안하기도 하고, 나이가 조금 들면 자기 감정이나 상태를 고백하는 것이 창피하기도 합니다.

함께 답을 찾아가는 길

이럴 때는 두 가지 방법이 있습니다. 먼저, 우리가 모범을 보이면 됩니다. 아이가 질문할 때는 대답에 최선을 다하려 노력해야 합니다. "그런 거 묻는 거 아냐!"라는 식으로 질문을 거부해서는 안 됩니다. 확실한 대답을 모를 때는 아이에게 솔직히 말하세요. "나도 정확히는 모르겠어. 나도 대답을 찾는 중이거든." 우리가 항상 칼 같은 대답만 한다면 그런 우리의 모습이 아이의 기준이 될 것입니다. 그래서 아이도 칼 같이 확실한 대답을 못 할 것 같으면 아예 아무 대답도 하지 않으려 할 테지요. 질문과 대답의 대화는 함께 길을 찾아가는 탐색의 시간이 되어야 합니다. 그러자면 미완성 대답도 편안하게 내놓을 수 있는 분위기가 조성되어야 합니다.

다음으로, 아이에게 이렇게 말해주세요. "지금 말하고 싶지 않다면 안 해도 좋아. 하지만 나는 계속 물어볼 거야. 네가 대답하고 싶을 때 언제든지 말해줘. 엄마 아빠는 너에 관한 거라면 뭐든 몹시 궁금하거든." 그런 말을 들으면 아이는 부담감을 덜 수 있고 대답의 시점을 스스로 정할 수 있게 됩니다.

이렇게 노력했는데도 아이에게서 아무런 대답이 돌아오지 않는다면 아이들의 지혜를 한번 믿어보는 것이 좋겠습니다. 아이는 어떤 식으로건 자기 마음을 당신에게 알릴 테니까요. 당신의 마음에 공명을 일으켜서라도.

어쨌거나 꾸준히, 끈기 있게 물으세요!

거짓말

속임수가 아닌 상상일 뿐

페리둔이 급식실에서 떠든다. "우리 아빠는 못 고치는 차가 없어. 스패너 하나만 있으면 돼. 우리 집 스패너로 세상 모든 자동차를 고칠 수 있어."

일로나가 입학을 했다. 학교에서 돌아온 아이에게 엄마가 묻는다. "오늘 숙제가 뭐야?" 일로나가 대답한다. "없어요." 엄마가 의외라는 표정으로 쳐다본다. 일로나가 다시 대답한다. "내일이 환경의 날이어서 오늘은 우리 집에서는 환경을 위해 무엇을 하고 있는지 알아보기만 하면 돼요. 그게 숙제야." 들어보니 그럴듯해서 엄마가 다시 묻는다. "그래? 살펴봤어?" 일로나가 대답한다. "네. 분리수거를 잘하고 있어요. 그것도 환경을 돕는 거잖아요."

아빠가 퇴근하자 엄마가 일로나의 학교에서 환경의 날을 정했다는 이야기를 해준다. 아빠가 껄껄 웃는다. "우리 딸 작가 시켜도 되겠는걸. 잘 지어내는데." 엄마가 깜짝 놀라 아빠를 돌아본다. 일로나가 지어냈다고? 그럼 거짓말을 했단 말인가?

페터가 유치원에서 반짝이는 로봇을 가져온다. 유치원 마당에서 보았는데 마음에 들어서 슬쩍 주머니에 집어넣어 왔다. 부모님이 어디서 났냐고 묻자 아이는 당황한다. 그냥 집어 왔다고 하면 안 될 것 같은 기분이 든다. 그래서 이렇게 대답한다. "선물 받았어."

위의 아이들이 한 말을 들었을 때 부모님들은 어떤 반응을 보일까요? 아마 대부분이 거짓말하면 안 된다고 야단을 칠 겁니다. 아빠가 세상 모든 자동차를 스패너 하나로 다 고칠 수 있다는 말은 물론 사실이 아닙니다. 하지만 아이가 상상에서 경험한 '현실'의 아빠는 그럴 수 있습니다. 언젠가 한번 아빠가 스패너로 자동차의 소소한 고장을 수리한 적이 있는데 그 광경을 본 아이는 크게 감탄했습니다. 그리고 그 감탄의 심정을 '우리 아빠는 뭐든 다 고칠 수 있다'라고 과장합니다. 적어도 아이에겐 그것이 진실이니까요.

일로나는 평소 엄마와 선생님이 환경 보호를 위해 노력한다는 사실을 알고 있습니다. 그런데 오늘따라 숙제를 하기 싫어지자 '영리한' 방식으로 숙제를 해결할 길이 없을까 고민합니다. 그러다가 환경 이야기를 지어내 엄마에게 들려줍니다. 부모님의 관점에선 아이의 말은 거짓입니다. 일로나의 부모님은 웃어넘기고 말았지만 어쨌든 일로나의 숙제는 지어낸 이야기입니다. 하지만 일로나의 관점에선 그건 아름다운 이야기입니다. 게다가 주변의 반응도 좋습니다.

페터의 경우는 약간 다릅니다. 아이는 장난감을 그냥 집어 온 것에 양심의 가책을 느낍니다. 적어도 그게 잘한 짓이 아니라는 사실은 어느 정도 직감하고 있습니다. 하지만 마음에 쏙 들어서 도무지 그대로 둘 수가 없었습니다. 아이는 그 순간 로봇을 발견한 것이 선물이라고 생각을 바꿉니다. 예전에 유치원 친구에게 선물해준 적도 있으니, 아이는 장난감을 그냥 집어 왔다는 사실과 선물을 받았다는 주장이 별반 다르지 않다고 느낍니다. 아이의 입장에선 의도적인 속임수가 아닐뿐더러 거짓말도 아닙니다. 더도 덜도 아니고, 그저 진실을 살짝 비틀었을 뿐입니다. 아이의 마음에서 소망과 진실이 뒤섞입니다.

우리 인간은 상상력을 가진 존재입니다. 상상력이란 백일몽을 포함한 꿈과 이념, 내면 이미지, 지어낸 이야기, 환상 같은 것들을 의미합니다. 상상력은 인간의 기본적인 체험 욕구에 속합니다.

이미지와 환상은 실제 경험의 인상에서 나옵니다. 하지만 또 한편으로는 실제 경험 너머를 상상하기도 하므로 현실과 상상의 경계는 매우 유동적입니다. 특히 아이의 경우에 더욱 그렇습니다. 아이는 아는 것이 많지 않아서 늘 불충분한 현실 인식과 불완전한 경험에 대처해야 합니다. 그래서 아이는 귀가 잘 안 들리는 사람처럼 인식의 빈틈을 상상으로 메웁니다. 귀가 잘 안 들리는 사람이 못 들은 부분을 상상으로 그려 메우는 대부분이 현실의 문맥과 잘 맞아떨어지는 것처럼요.

아이의 머릿속도 관찰과 경험, 상상이 서로를 넘나듭니다. 이를 '마법의 세계'라 부르기도 하지만, 이름이야 어떻건 중요한 것은 아이에겐 실제 세계와 마법의 세계가 분리된 서랍의 층처럼 따로 존재하지 않고 서로 오가며 뒤섞인다는 사실입니다. 상상은 현실의 보완이자 약간의 변경입니다.

당연히 우리 어른들은 아이에게 진실을 가르쳐야 합니다. 하지만 이는 우리가 직접 모범을 보일 일이지, 아이의 상상을 거짓말로 몰아붙이거나 야단을 쳐서 고칠 일은 아닙니다. 특히 아이가 현실을 채색하며 현실과 놀이를 하는 중엔 절대로 그걸 거짓말이라 야단쳐서는 안 됩니다.

"상상 속에선 안전하니까요."

펠릭스의 부모님은 정직을 강조합니다. 거짓말은 언젠가는 발각되기 마련이므로 "무슨 일이 있어도 항상" 진실을 말해야 한다고 가르칩니다. 실제로 거짓말을 하다 들키면 부모님은 항상 크게 꾸짖고, 벌로 매를 때리기도 합니다. 하지만 펠릭스는 영리한 아이입니다. 부모님도 항상 진실만을 말하는 건 아니며, 무엇보다 모든 거짓이 발각되지는 않는다는 사실을 일찍부터 알아차렸습니다.

그래서 아이는 두 개의 세계를 지었습니다. 하나는 부모님께 보여주는 정직과 진실의 세계입니다. 다른 하나는 상상과 꿈, 환상의 세계입니다. 아이는 그 세계에서 도시를 건설하고 풍경을 꾸미며 다른 사람들을 상상합니다. 아이는 상상의 세상에 잠기기 위해 책을 많이 읽습니다.

이렇게 상상을 키워가는 것이 문제는 아닙니다. 펠릭스의 문제는 공식적인 세계와 비공식적인 세계, 이 두 세계의 분리입니다. 상상의 세계를 남들과 나눌 수 없기에 아이는 외롭습니다. 하지만 거짓말하지 말라는 부모님의 말씀을 따라 포기하기에는 아이의 상상력은 생명력이 너무도 강렬합니다. 아이는 상상의 이미지를 실천하고 쌓아가고 넓히며 상상의 세계를 지키려 합니다.

벤이 거짓말을 합니다. 적어도 선생님의 눈엔 그렇습니다. 아이는 숙제를 한 번도 안 해왔습니다. 아니 정확히 말하면 거의 안 해옵니다. 그리고 매번 핑계를 댑니다. 대부분의 핑계가 그럴싸합니다. 친척이 아파서 문병을 다녀왔다, 부모님을 도와드려야 해서 시간이 없었다……. 하지만 써먹을 수 있는 핑곗거리가 바닥났는지 아이는 날이 갈수록 말도 안 되는 이상한 핑계를 늘어놓습니다. 아이가 어제 오후에 부엌에 불이 나서 숙제를 못 했다고 하자 결국 선생님도 더는 참지 못합니다.

선생님은 부모님에게 전화를 걸어 상담을 청합니다. 학교에는 엄마만 오셨습니다. 이런저런 이야기 끝에 선생님은 아이의 아빠가 알코올 중독자여서 엄마 혼자 집안을 책임지느라 어찌할 바를 모른다는 사실을 알게 됩니다. 또 집 안에서는 싸움이 끊이질 않고, 그럴 때마다 아이는 아빠가 잠들 때까지 집을 나와 공원에서 시간을 보냅니다. 설사 싸움이 없어도 언제 엄마 아빠가 충돌할지 모르는 상황이니 아이는 집 안에서 마음 놓고 숙제를 할 엄두를 내지 못합니다.

아이는 선생님께 그 이야기를 할 수 없었습니다. 그러니까 벤의 거짓말은 한편으로는 부모를 보호하려는 노력이었고, 또 한편으로는 숙제를 할 수는 없지만 그래도 괜찮다고 선생님을 안심시키려는 노력의 표현이었습니다. 사실을 알게 된 선생님은 벤에게 더욱 신경을 쓰고 아이와 가족을 도우려 다방면으로 애를 씁니다.

아이가 진실을 뒤트는 건 상상의 즐거움을 표현한 것일 수도 있으나 참기 힘든 현실에 대처하려는 현명한 노력일 수도 있습니다.

아이의 숨은 지혜

아이가 거짓말을 하는 것 같거든 어떤 의도와 의미인지를 고민해 보세요. 정직하라고 가르치는 것도 맞지만, 상상의 여지는 남겨줘야 합니다. 더불어 작은 핑계의 여지도 남겨줘야겠지요.

잘난 척

“내가 제일 잘나가!”

온 가족이 아침을 먹고 있다. 아빠가 로미에게 말한다. “버터 좀 줄래.” 로미가 건네주며 말한다. “버터 아니야, 마가린이야.” 아빠는 마가린을 빵에 발라 한 입 베어 물며 말한다. “버터 맛이 나는데.” 엄마도 옆에서 아빠 편을 든다. “버터야.” 그래도 로미는 고집을 부린다. “아냐. 마가린이야.” 엄마도 지지 않는다. “버터를 샀어. 확인해봐.” 로미가 굴하지 않고 잘난 척한다. “아냐. 마가린이야.”

점심을 먹고 나서 온 가족이 산책을 나간다. 벌이 엄마의 코앞에서 윙윙거린다. 엄마가 소리친다. “어머, 벌이야. 조심해. 쏜다.” 로미가 또 끼어든다. “꿀벌은 쏘지 않아. 말벌만 쏘지.” 엄마가 말한다. “아냐. 쏘니까 조심해.” 그래도 로미는 고집을 부린다. “학교에서 배웠어. 꿀벌은 쏘지 않아.”

아이가 보기엔 세상 모두가 자신보다 잘났습니다. 자신보다 더 많이 알고 더 똑똑합니다. 그래서 자신만 바보인 것 같은 기분이 들 때가 많고, 실제로도 무지하거나 모자란 존재로 취급받을 때가 더러 있습니다. 물론 아이를 무지한 존재로만 대하는 사람은 많지 않습니다. 하지만 아이는 자주 그런 기분을 느낍니다. 도대체가 배워도 배워도 알아야 할 것이 널려 있기 때문입니다. 앞서 배운 더 많이 아는 사람들에게서, 부모님과 선생님에게서, 언니 오빠에게서 쉬지 않고 배워야 합니다.

그래서 아이에겐 자신이 가장 잘 아는 분야가 필요합니다. 그래서 아이는 그냥 자신의 생각은 다르다고, 자신이 아는 것은 다르다고 말하고 넘어가도 될 것을 자신이 옳다고 핏대를 세우며 끝까지 싸웁니다. 아이의 잘난 척은 똑똑한 사람들의 집단에 소속되고 싶다는 자기주장의 표현입니다.

"아니야, 내가 맞다니까!"

외르크의 형 한네스는 외르크보다 네 살 위이고 모르는 것이 없는 똑똑한 아이입니다. 학교에서도 공부를 잘하기로 유명합니다. 형은 정말이지 모르는 게 없습니다. 늘 책을 가까이 하며 많이 읽습니다. 인터넷 검색도 빨라서 뭐든 물어보면 척척 알려줍니다. 외르크가 아는 것을 이야기할 때마다 형은 더 멋진 대답을 내놓습니다. 항상 외르크의 대답을 고쳐주고 보충해주고 바로잡아 줍니다. 그러다 보니 자연스럽게 외르크는 입을 다물게 되었습니다. 가족 중에 누군가 그에게 뭘 물어보면 그는 반사적으로 이렇게 대답합니다. "형한테 물어봐." 대신 몰래 형에게 복수를 합니다. 형의 초콜릿을 뺏어 먹고 형의 축구화를 몰래 감춥니다. 엄마는 외르크의 행동을 이해할 수 없습니다. 아무리 타일러도 안 되니 지치고 피곤합니다. 외르크도 마찬가지입니다.

세레나는 학교 선생님께 근처의 작은 산에 예전에 성이 있었고, 거기에 기사가 살았다는 이야기를 듣습니다. 아이는 집에 가서 배운 지식에 살짝 과장을 곁들여 기사한테는 왕비가 있었고 신하들도 많았고 큰 왕좌도 있었다고 이야기합니다. 세레나는 상상력이 풍부한 아이입니다. 아빠가 아니라고, 왕비는 없었다고 말하자 세레나가 벌컥 화를 내며 아빠에게 대듭니다. 자주 있는 일입니다. 누가 자신의 말에 토를 달면 아이는 분을 삭이지 못합니다. 엄마가 끼어들어 아이를 달랩니다. "세레나. 그게 뭐 큰 일이라고 그래. 왕비가 있고 없고가 뭐가 그리 중요해."

하지만 세레나에겐 큰일입니다. 왕비가 있고 없고는 사실 상관없습니다. 새로운 사실을 배우면서 아이는 왕비와 함께 왕좌에 앉은 기사의 이미지를 떠올렸습니다. 그리고 그 이미지를 집에 와서 식구들과 나눴습니다. 아이의 세상에선 그 모든 것이 따로 존재하지 않습니다. 그러므로 자신의 말에 토를 단다는 것은 자신의 현실 이미지가 틀렸다는 소리이고 자신의 지식이 무가치하다는 의미입니다. 아이에게 그건 큰일입니다. 그래서 세레나는 속이 상하고 화가 납니다.

아이에겐 특별한 능력과 지식을 뽐낼 분야가 필요합니다. 따라서 그런 틈새 세상을 아이에게 허용하고 나아가 적극 지지해 줄 필요가 있습니다. 어떤 아이는 포켓몬 등장인물을 달달 외우고, 또 어떤 아이는 곤충이라면 모르는 게 없습니다. 국가대표 축구 선수들의 인적 사항과 성적을 줄줄 늘어놓는 아이가 있는가 하면 아이돌 가수 이야기만 나오면 입에서 불을 뿜는 아이도 있습니다. 그렇게 자기만의 분야에서 지식을 습득하고 인정받은 아이는 굳이 잘난 척을 하지도 않습니다. 그러니까 아이의 잘난 척은 아직 자신의 지식을 인정받을 만한 자리를 찾지 못했다는 뜻입니다.

아이의 숨은 지혜

아이가 잘난 척하거든 귀엽다고 생각하고 웃어넘기세요. 마음속으로만 웃더라도 어쨌든 웃음은 좋은 것이니까요. 물론 아이가 들을 정도로 크게 웃으면 절대로 안 되겠지요.

함께 행복해지는 심리 수업

쓸데없는 행동들에 단서가 있어요

보통 우리는 아이가 소리를 지르는 등 어른이 보기에 쓸데없는 행동을 할 때는 다 어른의 관심을 끌려고 그런다고 생각합니다. 하지만 그런 아이를 한심한 '관심종자' 취급하는 것은 어른 중심의 경솔하고 성급한 판단입니다. 물론 아이는 관심을 원합니다. 하지만 아이의 욕구와 관심사가 어른의 예상을 넘어설 때도 많습니다.

아이가 소리를 지르며 계속 울어댄다면 그게 과연 자신을 봐 달라는 소리일까요? 어쩌면 조용히 쉬고 싶은데 주변 환경이 너무 소란스러워서 괴롭다는 뜻일지도 모릅니다. 보통 크게 한 번 울고 나면 아이는 완전 탈진해 조용해지고 순해집니다. 이것을 울음의 의미를 나타내주는 무의식의 신호로 받아들인다면 다음번에 비슷한 상황이 왔을 때는 얼른 아이가 쉴 수 있도록 분위기를 조성해줄 수 있을 겁니다.

이것이 바로 내가 전하고 싶은 정말로 중요한 단서입니다.

아이 행동의 쓸모와 의미를 계속해서 묻고 찾아야 합니다. 때로 의미가 숨어 있어서 찾기 힘들 때도 많습니다. 그럴 때는 아이와의 동일시가 최선의 지름길입니다. 내가 아이라면 지금 어떤 기분일까? 무엇이 필요할까? 무엇이 지나치고 무엇이 모자랄까? 자신과 아이를 동일 선상에 두고 질문해봅시다.

도무지 아이를 이해할 수 없을 때

대답을 금방 못 찾을 때도 많을 겁니다. 또 질문을 통해 얻은 깨달음이나 이해가 별 볼 일 없어 보일 수도 있습니다. 하지만 제아무리 하찮아 보인다 해도 그 작은 깨달음 하나하나가 다 노력할 만한 가치가 있습니다. 아이 행동의 의미를 이해한다면, 아니 예상만 할 수 있어도 우리의 행동은 바뀝니다.

가령 아이가 신문을 찢는 것은 자기를 봐 달라는 뜻이 아니라 힘의 표출을 통해 자기효능감을 느끼려는 목적일 수도 있습니다. 물론 그 뜻을 알아차린다고 해서 꼭 신문을 찢도록 내버려두거나 흡족해하라는 건 아닙니다. 이해가 반드시 수긍을 뜻하는 건 아니니까요. 이 경우 이해는 아이에게 자기효능감을 느낄 수 있는 다른 가능성을 제공합니다. 가령 다른 종이를 주거나 나무 블록을 아이에게 줘 놀게 하면 됩니다.

그러니 우리는 이해할 수 없는 아이의 행동이 아이에게는 '의미'가 있을 수 있다는 점을 잊지 말고 열심히 그 의미를 찾아봐야 합니다.

12

생활 리듬

방해받지 않으려는 사투

엘리아스는 학교에 갔다 오면 일단 좀 쉬어야 한다. 집에 오자마자 책가방을 구석에 휙 던지고 간식을 먹고는 제 방으로 들어간다. 그리고 문을 닫고는 게임을 하거나 책을 읽거나 멍을 때린다. 대부분은 좋아하는 컴퓨터 게임을 한다. 2년 전부터 한 게임인데 학교에서 받은 스트레스를 푸는 데 최적이다. 생일에 선물 받은 새 게임은 아직 시작하지 않았다. 게임을 하면서 쉬고 싶은 아이에게 그 게임은 너무 복잡하고 시끄럽다.

유디트가 밤잠을 설친다. 45분에서 60분 간격으로 계속 깨서 칭얼댄다. 위로 키운 두 아이 모두 밤에 잘 잤기 때문에 엄마는 밤잠을 설치는 셋째 아이가 영 걱정스럽다. 그래서 아이가 칭얼대면 바로 아이를 안아 들고 달래주거나 뭐가 불편한지 여기저기 살핀다. 하지만 칭얼댈 만한 이유가 없다. 오히려 아이는 엄마가 안아 올리면 더 불안해한다. 더 크게 오래 운다. 엄마는 어찌해야 할지 몰라 난감하다.

피오라가 초등학교에 입학했다. 부모님은 아이가 학교에서 돌아오자마자 숙제를 하라고 시킨다. 하지만 아이는 말을 잘 안 듣는다. 어떨 땐 아이가 알아서 숙제를 시작한다. 하지만 얼마 못 가서 딴 곳에 정신이 팔린다. 부모님은 야단을 친다. "너는 왜 이거 했다 저거 했다 그래. 한 가지를 꾸준히 해야지." 부모님이 옆에서 지키면서까지 숙제를 끝까지 시키지만 피오라는 실수를 반복한다.

사실 피오라는 해가 져야 정신이 맑아진다. 저녁 6시 반에서 7시 사이가 돼야 기운이 솟는다. 그때 숙제를 하면 완벽하다. 부모님은 어찌해야 할지 모르겠다. 그 시간이면 피오라의 남동생은 이미 졸려서 꾸벅꾸벅 존다. 남동생은 잠이 많은 아이다. 피오라와는 전혀 다르다.

아이마다 리듬이 다릅니다. 이 리듬은 두 가지 요인에 의해 좌우됩니다. 하나는 생물학적 요인입니다. 인간은 누구나 나름의 바이오리듬이 있습니다. 물론 밤낮의 교대, 계절과 기후 변화의 영향도 무시할 수 없겠지만 사람마다 다 다른 바이오리듬이 있습니다. 아이라고 해서 다르지 않습니다. 따라서 이 사실을 이해하고 인정할 필요가 있습니다.

두 번째 요인은 경험의 주기적 반복입니다. 누구나 바깥세상을 향해 몸과 마음을 활짝 열었다면 그다음엔 잠시 내면으로 돌아올 시간이 필요합니다.

그런데 이런 반복의 주기는 사람마다 다릅니다. 바이오리듬의 영향도 있겠지만 성격, 인생 경험 같은 것도 주기에 영향을 미칩니다. 가령 어떤 아이가 유치원이나 학교에서 선생님 말씀을 집중해서 잘 듣고 종일 친구들과 열심히 뛰어놀았다면, 집에 돌아와서는 잠시 혼자의 시간을 가지며 휴식을 취해야 합니다. 각 단계가 얼마나 오래 걸리는지는 아이마다 다릅니다. 그러니 아이를 잘 관찰해서 아이만의 고유한 리듬을 이해하려 노력할 필요가 있습니다.

신생아도 예외는 아닙니다. 물론 어린아이의 리듬을 찾아내기란 쉬운 일이 아닙니다. 리듬을 알았다 싶으면 어느새 또 바뀌어 있고…… 어쨌거나, 집중 수면 단계 또한 아이마다 다릅니다. 유디트 같은 아이는 밤에 자다가 설핏 잠이 깨서 살짝 칭얼대다가 다시 잠에 듭니다. 그런데 그걸 모르고 엄마가 번쩍 안아버리면,

물론 좋은 의도지만 아이의 리듬을 방해하게 되고 아이는 쉬고 싶어 울음을 터트리게 됩니다.

"나도 나름대로 생각이 있다구요."

아이는 자기 리듬대로 살기 위해 사투를 벌입니다. 어른들은 그게 뜻대로 안 된다는 걸 이미 알지만 아이는 그렇지가 않습니다. 그러니 아이마다 다른 바이오리듬을 파악해서 유념해야 합니다.

물론 경계는 있습니다. 등교 시간 같은 것이 그런 경계입니다. 아이가 늦게 자고 늦게 일어나는 리듬이라 해도 내일 학교에 가야 한다면 등교 시간을 생각해서 일찍 재워야 합니다. 부모의 출근 시간도 그런 경계가 됩니다. 엄마 아빠가 출근하기 전에 아이를 어린이집에 맡겨야 한다면 아침에 아이를 무한정 재울 수 없을 테니 말입니다. 공동생활에선 누구나 지켜야 할 경계가 있습니다. 그 경계가 항상 개인의 리듬과 일치할 수는 없습니다.

아이에게 그 사실을 알릴 때는 어른의 입장에서 말하는 것이 좋습니다. 가령 이렇게 말이죠. "아빠도 널 이해해. 하지만 아빠도 어쩔 수가 없네." "엄마 마음 같아서는 더 자게 해주고 싶지만 이제 일어나야 해. 엄마 출근해야 하거든."

하지만 이런 경계를 벗어나지 않는 선에서는 아이의 리듬을 존중하고 유념해줄 필요가 있습니다. 경계를 벗어나지 않는데도 아이를 다그치면 아이는 숨이 막힐 겁니다. 무엇보다 아이의 삶의 질이 떨어지겠죠. 아이가 칭얼대거나 이걸 했다가 저걸 했다가 하더라도 너무 조급해할 필요가 없습니다. 아이는 지금 자신의 리듬을 찾는 중이니까요.

아이의 숨은 지혜

자신의 리듬이 어떤지 가만히 살펴보세요. 다른 사람과도 한번 비교해보세요. 자신의 리듬을 존중한다면 아이의 리듬에도 더 너른 이해심을 보일 수 있을 거예요.

자기중심성

아직은 감추지 못하는 나이

콘라트가 분개한다. 숨도 안 쉬고 계속 욕을 퍼붓는다. 아이는 친구를 놀린 같은 반 친구 두 명과 친구를 보호해주지 않은 선생님께 너무너무 화가 난다. 아이는 너무 흥분해 도무지 마음을 진정시키지 못한다. 아빠가 무슨 일인지 알고 싶어 아이가 하는 말을 귀 기울여 듣는다. 하지만 무슨 소리인지 도통 알 수가 없다. 콘라트가 다른 두 친구에게 공격과 모욕을 당한 친구를 변호하자 아빠는 혹시 그 친구가 먼저 도발을 한 건 아니냐고 묻는다. 콘라트는 더 길길이 날뛴다.

아이는 아빠가 던진 질문의 숨은 뜻을 이해하지 못한다. 아빠의 질문을 선생님의 행동처럼 배신이라고만 느낀다. 아빠는 콘라트를 달래려고 애를 쓰지만 소용이 없다. 결국 불안하고 걱정이 된 아빠가 내일 학교에 가서 선생님이랑 이야기를 해보겠다고 한다. 그래도 콘라트의 흥분은 가라앉을 줄 모른다. 아이는 아빠에게 학교에 올 필요 없다고, 다 필요 없다고 고함친다.

알리나는 열정을 불태운다. 거의 매일 다른 것에 마음을 빼앗긴다. 오늘은 환경 보호에, 내일은 음악 선생님에게, 모레는 새로 데뷔한 아이돌 그룹에게. 엄마는 아이의 열정의 대상이 계속 변한다는 걸 안다. 그래서 속으로 웃으면서도 아이를 말리거나 야단치지는 않는다.

사람마다 느끼는 흥분의 정도와 지속력은 다릅니다. 어떤 사람은 흥분해도 평정심을 유지하지만 어떤 사람은 한번 흥분했다 하면 앞뒤를 가리지 않습니다. 어제는 기분이 좋아서 환성을 지르던 사람이 오늘은 금방이라도 죽을 것처럼 오만상을 찌푸리고 다닙니다. 그렇게 갑작스레 흥분이 오가는 사람이 있는가 하면 감정의 변화가 느린 사람도 있습니다.

또 기분이 나빠서 흥분할 때가 있는가 하면 기분이 좋아서 흥분할 때도 있습니다. 특히 아이의 경우 흥분은 경험의 직접적 표현이며 자제되지 않은 인성 그 자체의 표출이라는 사실을 이해할 필요가 있습니다.

어른들은 마음을 다스려 흥분을 가라앉히려 애를 씁니다. 한 걸음 옆으로 물러나 자신을 외부인의 시선으로 바라볼 줄 압니다. 자기중심적인 시각에서 벗어날 수 있는 능력을 갖추었기 때문입니다. 따라서 흥분했을 때도 "아, 괜찮아. 그렇게 나쁜 건 아냐"라며 사건을 상대화하고 마음을 달랩니다. 혹은 논리적으로 잘 따져서 흥분의 원인에 어떻게 대처할 수 있을지를 고민합니다.

그런데 아이는 그럴 수가 없습니다. 아이는 흥분하면 그냥 흥분을 표출합니다. 어른과 같은 상대화 능력은 교육을 받고 어른이 되면서 자라나기 때문에 어릴수록, 또 활기가 넘칠수록 아이는 더 직접적 경험에 몸을 맡긴 채 흠뻑 잠겨듭니다.

"나는 참을 수가 없다고!"

좋은 일이건 나쁜 일이건 아이가 흥분할 때는 속에서 끓어오르는 것을 밖으로 내보내려고 시도하는 것으로 이해하면 됩니다. 아이의 경우 어른과 달리 안팎이 뚜렷하게 나뉘지 않습니다. 아빠는 아들의 문제를 논리로 분석해 콘라트를 이해하려 합니다. 하지만 콘라트에겐 분석이 중요하지 않습니다. 콘라트에겐 자신의 분노가, 화가, 경험이 전부입니다. 아이는 이 경험을 누구에게든 말하고 자신의 흥분과 분노를 나누고 싶을 뿐입니다. 아빠가 고심하여 내놓는 도움의 손길도 아이에겐 아무 소용이 없습니다. 아빠가 콘라트를 도와줄 수 있는 가장 좋은 방법은 아이의 말을 들어주고 그냥 옆에 있어주는 것입니다.

객관적 시각에서 논리로 접근하는 아빠의 시각을 콘라트는 이해하지 못합니다. 아이는 아직 자기중심적 시각에 사로잡혀 있기 때문입니다. 아빠 역시 아들을 이해하지 못합니다. 아들이 자기성찰과 자제를 하지 못하고 날것의 감정을 마음껏 발산하고 있기 때문입니다. 하지만 흥분한 아이에게 논리나 해결책을 들이밀면 아이는 이해받지 못했다는 생각에 더 흥분합니다.

이성이 도움이 될 때도 많지만 항상 그런 건 아닙니다. 아이의 감정을 나누는 것 못지않게 아이의 흥분을 참아주면서 수용하는 자세로 동행하는 것이 중요합니다. 또 앞에서 배운 대로 경청과 더불어 같이 몸을 움직여 밀고 당기는 놀이를 하는 것도 도움이 됩니다. 그러니까 일단 아이의 흥분을 경청하여 나누고 공감한 다음, 함께 몸을 움직이면서 살짝 흥분을 가라앉히고, 그런 후에 앞으로 어떻게 하면 좋을지 머리를 맞대고 고민해봅시다.

아이의 숨은 지혜

최근에 이성을 잃어본 적이 있나요? 무엇 때문에 흥분했나요? 그때 무엇이 필요했나요?

취향

여자애가 반짝이에 '미치는' 이유?

라우라가 학교 체육 시간에 친구의 반짝거리는 발레화를 본다. 물어보니 H&M에서 나온 비싼 발레화라고 한다. 집에 가자마자 아이가 엄마에게 달려가서 당장 신발을 사러 가자고 조른다. "엄마 엄마, 그 발레화가 진짜 예쁘다니까. 그거 꼭 갖고 싶어. 별로 비싸지도 않대. 제발 제발, 완전 반짝거린단 말이야."

어린이집 아이들이 한겨울에 외투로 꽁꽁 중무장하고서 산책을 하러 가고 있다. 아이들이 눈을 밟으며 감탄한다. 고드름에도, 눈에 떨어진 눈부신 햇살에도 감탄한다. 아이들은 반짝이고 빛나는 것에 감탄한다. 아이들의 눈동자도 경쟁하듯 반짝반짝 빛이 난다.

아니는 아이스크림을 좋아한다. 그중에서도 초록색 아이스크림이 제일 좋다. 맛이 좋아서 좋아하는지 색깔이 고와서 좋아하는지는 모르겠지만, 그건 아무래도 좋다. 초록색 아이스크림이 최고다. 하지만 아이는 그냥 그것만 먹지는 않는다. 초록색 아이스크림 위에 꼭 알록달록 무지개색 스프링클을 뿌려야한다. 그러면 반짝반짝 예쁘게 빛나기 때문에 맛이 세 배는 더 좋아진다. 그래서 아니는 아이스크림 가게에 갈 때마다 외친다. "스프링클 뿌린 초록색 아이스크림이요!"

이유가 무엇이건 간에, 아이는 반짝이고 빛나는 것을 좋아합니다. 물론 꼬마일 때만 그렇습니다. 그 사실을 이해하고 인정할 필요가 있습니다. 나이가 들면서 반짝이에 대한 애정은 여자아이만의 전유물이 됩니다. 초등학교 1학년 여자아이들의 책가방엔 너 나 할 것 없이 반짝이 공주 그림이 박혀 있습니다. 장난감에도 빠짐없이 반짝이 가루가 뿌려져 있습니다. 마술봉도 반짝반짝, 인형 옷도 반짝반짝, 자신이 입는 옷도 반짝반짝, 온 세상이 반짝이 가루 범벅입니다.

아이는 왜 반짝이고 빛나는 것을 좋아할까요? 무슨 이유로 반짝이에 '미치는' 걸까요? 글쎄요, 정확한 이유는 알 수 없습니다. 하지만 나이가 들면서는 여자아이만 반짝이를 선호하게 되는 현상에는 분명 사회문화적 요인도 작용합니다. 그렇지 않다면 왜 남자아이 대부분이 반짝이를 거부하겠습니까? 하지만 반짝이고 빛나는 자연은 아이뿐만 아니라 우리 모두를 기쁘게 합니다.

밤하늘의 별이 반짝입니다. 얼음꽃이 빛을 뿜습니다. 아침 햇살, 비눗방울, 빗방울도 다이아몬드처럼 반짝반짝 빛납니다.

"그냥 예쁘고 신나니까요!"

우리 어른들은 반짝이는 세상과 그 이면을 압니다. 화려한 무대복을 입은 디바와 반짝이 의상을 입은 가수의 세계를, 그리고 그 반짝이는 세상 뒤편은 다른 모습일 때가 많다는 것을 잘 압니다. "반짝인다고 다 금은 아니다." 이런 속담도 있지 않던가요. 그렇기에 우리 어른들은 반짝이는 것을 싸구려 취급하며 무시하는 경향이 있습니다. 일면 이해할 수 있고 또 그럴 법도 한 행동입니다.

아이는 이런 고민을 알지 못하고 이런 경험을 아직 해본 적도 없습니다. 반짝이는 것이 그저 예쁘고 놀랍기만 합니다. 그런데 어른들이 자신의 반짝이는 물건을 경멸하고 무시한다면 자신이 경멸과 무시를 당한 기분이 듭니다. 특히 여자아이들이 그렇습니다. 자신의 여성성이 무시당하고 짓밟힌 기분이고, 그 정도까지는 아니더라도 뭔가 마음이 불안해집니다.

그러므로 반짝이를 향한 아이의, 특히 여자아이의 애정은 있는 그대로 인정해줘야 합니다. 아이가 반짝이를 좋아하는 것은 무슨 심오한 의미가 있어서가 아닙니다. 그냥 예쁘고 신나기 때문이죠.

아이의 숨은 지혜

아이의 장난감이나 인형의 반짝이가 도무지 마음에 안 든다면 아이의 눈동자에 어린 빛과 반짝이는 영혼을 보세요.

함께 행복해지는 심리 수업

당당한 고집을 허락하세요

아이의 행동이 짜증 날 때도 많습니다. 아이는 자기중심적이라 이기적으로 행동할 때도 많고 남에게 상처를 주는 못된 행동을 할 때도 많습니다. 그런 행동은 당연히 고쳐줄 필요가 있습니다. 하지만 잘 살펴보면 그중 상당수가 고집입니다. 고집은 아주 멋진 것이고 아이에게 꼭 필요한 경험입니다.

흔히 고집이라고 하면 이기적이고 다른 사람을 무시하는 태도라고 생각하기 쉽지만 내가 말하는 고집은 그런 고집이 아닙니다. 고집이란 자기 것에 대한 감각을 키우는 수단입니다. 아이가 자기 것, 자기 욕망, 자기 의지, 자기 방식에 대한 감각을 키우지 못한다면 남에게 모든 것을 맡기게 될 테고, 결국 남에게 굴복하고 휘둘릴 수밖에 없게 됩니다. 당당하게 삶을 헤쳐나가는 독립적이고 자신감 있는 아이를 원한다면 아이의 고집을 지지해야 합니다.

고집을 키우는 능력은 타고나는 부분이지만 어떻게 고집을 실천할 수 있을지는 시험을 통해 배워야 합니다. 그래서 아이는 이것도 해보고 저것도 해보고 틀려도 보고 실수도 해봐야 합니다. 우리가 운전을 배울 때와 똑같습니다. 도로 주행 연습을 할 때 당신은 어땠나요? 핸들을 잡은 손이 부들부들 떨리고, 거리 감각이 없어 차를 긁기도 하고, 신호를 못 봐서 옆자리 선생님이 대신 급브레이크를 밟기도 했을 겁니다.

원하는 걸 해낼 작은 훈련

작은 사례를 하나 들어봅시다. 로레가 부모님과 산책을 하고 있습니다. 아이는 다섯 살입니다. 아이가 물웅덩이에 들어가려고 하자 엄마가 눈치를 채고 말립니다. "안 돼. 들어가면 안 돼." 하지만 로레는 나름의 논리를 펼치며 고집을 피웁니다. "들어갈 거야. 엄마도 들어갔잖아." 엄마가 다시 말합니다. "맞아. 하지만 엄마는 실수로 밟은 거고 또 엄마는 가죽 신발을 신었잖아. 넌 가죽이 아니라서 금방 젖어." 로레가 잠시 고민하더니 용기를 내서 자랑하듯 엄마를 쳐다보며 웅덩이로 걸어갑니다. 웅덩이를 지나며 아이는 이렇게 말합니다. "나도 가죽 신발 신었어!"

로레는 원하는 것을 실천할, 더 정확히 말하면 관철할 방법을 찾아냈습니다. 엄마의 논리를 재빠르게 받아서 자기 신발을 가죽 신발로 살짝 바꾼 것이죠. 고집을 키우는 작은 훈련이 끝났습니다. 엄마도 웃고 아빠도 웃습니다. 젖은 신발 걱정보다 딸의 똘똘함이 더 대견스럽기 때문입니다.

15

전쟁놀이

이기는 게 전부는 아니다

네 살 표트르가 스타워즈에 나오는 무장 전사의 사진이 찍힌 티셔츠를 입고 있다. 아이는 스타워즈가 영화라는 걸 모른다. 티셔츠에 그려진 전사 이름이 스타워즈인 줄 안다. 아이는 티셔츠를 형에게서 물려받았다. 티셔츠가 아주 마음에 든 아이는 어린이집 선생님에게 자랑한다. "스타워즈가 우리를 지켜줘요. 스타워즈는 악의 무리만 무찔러요." 아이가 하하하하 시원하게 웃는다. 손으로 권총 모양을 만들어 총을 쏘고 또 쏜다.

베로니카는 전쟁놀이를 자주 한다. 부모님이 "뭐 하고 싶어?"라고 물을 때마다 "전쟁놀이!" 하고 대답한다. 아이는 동생과 친구들을 모아 전쟁놀이를 한다. 놀면서 연신 웃는다. 이기고 지는 건 중요하지 않다. 자신의 힘을 느낄 수 있어 좋다.

아이에겐 전쟁이 다양하고 다채로운 의미를 띨 수 있습니다.

첫 번째로 아이들끼리의 경쟁 상황입니다. 형제자매는 서로의 것을 탐내곤 합니다. 유치원이나 학교에는 서열이 존재해 대장이 있고 졸병이 있으며 계속해서 지위 다툼과 능력 비교가 일어납니다. 아이는 이것을 전쟁놀이로 경험합니다. 그리고 이런 전쟁을 치르기 위해서 스타워즈 같은 모델이, 수많은 인물과 상상의 세계가, 영화와 책이 필요합니다. 아이가 전쟁놀이를 좋아하는 이유는 그것이 생활 세계의 한 측면을 표현하기 때문입니다. 이기는 것도 중요하지만 그게 전부는 아닙니다. 전쟁놀이는 경쟁하며 다양성을 비교하고 자신을 주장한다는, 자신의 자리를 지킨다는 의미이기도 합니다.

두 번째, 아이들은 전쟁놀이를 하면서 자신을 느낄 수 있습니다. 싸울 때는 큰 소리를 내기도 하고 힘을 쓰기도 하지요. 싸우면 상대의 힘도 느끼지만, 동시에 자신의 힘도 느낄 수 있습니다.

아이가 생각하는 전쟁은 폭력이 아닙니다. 전쟁은 자신의 힘을 깨닫고 경쟁과 비교를 즐기며 자신을 한껏 주장하는 방법입니다. 그러므로 '좋은' 싸움이 무엇인지를 배울 수 있다는 점에서도 다툼과 싸움은 필요합니다. 중요한 건 '어떻게 싸울까'입니다. 공정하게 싸울지 비겁하게 싸울지, 놀이하듯 가볍게 싸울지 이를 악물고 싸울지가 중요합니다. 또 '무엇을 위해' 싸울 건지도 중요합니다. 자유를 위해 싸울까요, 억압하기 위해 싸울까요? 윗사람에게 아부하기 위해 싸울까요, 아니면 아랫사람을 보호하기 위해 싸울까요? 그도 아니면 자신의 뜻을 주장하기 위해 싸울까요?

세 번째 의미는 권력과 무력입니다. 아이는 어른 앞에 서면 약자입니다. 자기보다 큰 형이나 언니 앞에서도 대부분 무력합니다. 실제로는 그렇지 않다고 해도 그런 기분이 듭니다. 하지만 전쟁놀이에선 자신의 힘이 더 셀 수 있습니다. 적어도 자신이 결정권자가 되어 자신의 의지를 관철할 기회를 얻습니다. 따라서 아이에게 전쟁놀이는 단순한 놀이가 아닙니다. 그보다 훨씬 더 크고 많은 뜻이 담겨 있지요.

"그럼 난 누구랑 싸워?"

수잔네의 부모님은 아이에게 싸우지 말라고 가르칩니다. 싸우려고 할 때마다 부모님은 말합니다. "쌈박질은 사내아이들이나 하는 거야. 봐라, 얼마나 한심해 보이니." 아이는 얌전하고 지적이며 조숙한 소녀로 자랐습니다. 열두 살 되던 해 이웃집 아줌마가 수잔네의 부모님을 찾아와서 수잔네가 자신의 고양이를 괴롭힌다고 이릅니다. 부모님은 말도 안 된다고 손사래를 칩니다. 수잔네 편을 들면서 이렇게 말합니다. "저렇게 얌전한 애한테 무슨 그런 소리를 하세요."

하지만 아웃의 말은 사실이었습니다. 싸우지 말라는 부모님의 엄명 탓에 아이는 공격적 충동을 발산할 방법을 배우지 못했습니다. 그 결과 아이의 공격적 충동은 에움길을 돌아 그녀에게 저항할 수 없는 애먼 고양이를 향했습니다.

공격성은 아이의, 인간의 일부입니다. 공격성은 타인에게 다가가 덤벼들어 무언가를 바꾸거나 쟁취하고자 한다는 뜻입니다. 갈등이 없으면 변화도 없습니다. 분노가, '신성한 분노'가 없다면 세상을 바꾸려는 충동도 없습니다. 수잔네는 놀이로도 싸워본 적이 없고 따라서 공격성을 표현할 방법이 없었기에 공격적 충동이 억압되다가 끝내 이웃집 고양이에게로 방출되고 만 것입니다. 수잔네는 억압된 욕망을 그런 식으로 표출했습니다. 고양이한테도, 이웃집에도, 자식의 충격적인 모습을 맞닥뜨린 부모님께도 모두 안 좋은 결과였습니다.

미아의 경우는 다릅니다. 미아는 말로도, 몸으로도 반항했고 짜증도 많이 부렸습니다. 하지만 번번이 헛발질이었습니다. 아무리 싸우고 화를 내도 아무 소용이 없었습니다. 엄마는 미아가 아무리 비난하고 욕을 해도 쉬지 않고 잔소리를 해댔고 사사건건 이래라저래라 간섭했습니다. 미아는 인형처럼 조종당하는 기분입니다. 어떤 옷을 입을지, 어떤 음식을 먹을지, 어떤 걸음걸이로 걸을지, 어떤 눈빛으로 바라볼지, 엄마의 규칙은 끝을 몰랐기 때문입니다.

결국 미아는 엄마의 모든 노력을 헛수고로 만들어버립니다. 엄마가 무슨 말을 해도, 듣기 좋은 말도 싫은 말도 일절 반응하지 않습니다. 저항하지는 않지만 그렇다고 엄마가 시키는 대로 하지도 않습니다. 그냥 엄마 말을 무시합니다. 엄마는 화가 나서 펄펄 뛰지만 소용없습니다. 딸의 태도를 고치려 싸워보지만 모두 헛발질입니다.

딸은 열심히 싸워 엄마에게 자신의 기분을 알렸습니다. 노력이 허사로 돌아갔을 때의 기분, 돈키호테처럼 물레방아와 싸우는 허탈한 기분, 기회를 박탈당한 그 기분을. 하지만 노력이 수포로 돌아가자 싸움의 열망은 무기력으로 탈바꿈했습니다. 아이는 자신의 심정을 표현할 말을 찾지 못했지만, 대신 아이의 지혜로 그 기분을 엄마에게 전했습니다. 바로 자신이 경험했던 것과 똑같은 정서적 상황으로 엄마를 몰아간 겁니다.

아이의 숨은 지혜

싸움이 무조건 나쁘다는 생각은 틀렸습니다. 아이가 싸우거든 무조건 말리려고 하지 마세요. 싸워도 좋아요. 아이와 함께 싸우세요. 공정하게 싸우며 모범을 보여주세요. 누구도 다치지 않는, 누구도 '끝장'내지 않는 바람직한 싸움의 모델이 되어주세요.

몽상

'멍때리기'라는 축복

오데테는 고등학교에 다닌다. 수학 시간에 선생님이 오데테에게 질문한다. 하지만 몽상에 빠진 아이는 선생님 질문을 못 듣는다. 선생님이 야단을 친다. "이봐, 몽상가님. 그러다가 대학 못 간다. 정신 차려!" 친구들이 와르르 웃음을 터트린다. 오데테만 웃지 않는다. 오데테는 창피하다.

다섯 살 라르스가 혼자서 놀고 있다. 아이가 마당에 철퍼덕 주저앉아서 돌을 하나 집어 든다. 그 돌을 다시 내려놓더니 다른 돌을 집어 든다. 이번에는 아까 내려놓았던 돌을 다시 집어 들어 두 돌을 맞부딪친다. 그러더니 돌 두 개를 다 집어 던졌다가 다시 두 번째 돌을 집어 들고는…….

다른 아기가 공원에 엎드려 있다. 세 살 정도 되어 보인다. 아이가 풀밭을 쳐다보다가 풀줄기 하나를 뽑는다. 그것을 입에 넣어 맛을 보다가 퉤 뱉어낸다. 아이는 풀줄기를 또 하나 뽑아서…….

세 아이 모두 자기 생각에 푹 빠져 있다. 아이들은 자기만의 세상에 있다. 그곳은 아이만의 세상이기 때문에 어떤 세상인지 외부인인 우리는 모른다. 아이는 그곳에서 혼자만의 꿈을 꾼다.

어른들은 자신을 찾고 마음을 비우기 위해 명상 수업을 듣고 요가를 배웁니다. 아이는 그럴 필요가 없습니다. 아이는 외부 세상과 분리되어 자신만의 세상에 잠길 수 있기 때문입니다. 예전에는 그걸 두고 '멍때린다'라고 했지만 요즘엔 '명상'이나 '플로우'라는 멋진 이름으로 부릅니다. 물론 어른 중에는 여전히 그런 상태를 좋지 않게 보는 사람도 많습니다.

하지만 꿈은 은총입니다. 아이는 쉬지 않고 주변 세상을 이해하고 세상과 관계 맺으려 노력합니다. 수많은 것들이 한꺼번에 몰려옵니다. 수많은 것들을 배워야 하고 시험해보고 경험해봐야 합니다. 그러니 아이는 한발 뒤로 물러나 온전히 자신에게 몰두

하고 자신의 이미지와 상상에 푹 빠지는 시간, 풀줄기나 돌을 가지고 노는 시간이 더욱 필요합니다. 아이에게 그 시간은 축복이자 멋진 선물입니다. 그럴 수 있는 아이들이 나는 부럽습니다.

몽상에 빠질 권리

꿈은 그 자체만으로 의미가 있습니다. 꿈은 세상을 향한 스위치를 꺼줍니다. 어른들은 엄청 노력해야 겨우 할 수 있는 일입니다. 하지만 아이는 작심하지 않아도, 노력하지 않아도 몽상에 잠길 수 있습니다. 몽상에 빠진 아이는 가만히 내버려둬야 합니다.

물론 살다 보면 아이를 억지로 그 상태에서 끌어내야 할 때가 있습니다. 가령 학교에 가야 한다거나 밥을 먹어야 한다거나, 그럴 때는 아이의 주의를 환기해줘야 합니다. 하지만 늘 그래서는 안 됩니다. 굳이 그럴 필요가 없다면 가능한 그 상태로 놔둬야 합니다. 때가 되면 아이가 알아서 정신을 차리니 너무 걱정하지 마세요. 아이에겐 긴장을 풀고 느긋하게 멍을 때리는 순간 "이제 그만!"이라고 알려줄 어른이 필요하지 않습니다. 깨야 할 시간은 아이가 스스로 느낍니다.

몽상에 빠져 멍을 때리기 때문에 괴롭다는 아이는 없습니다. 살면서 나는 여태 그런 사례를 본 적이 없습니다. 하지만 몽상에 빠졌다는 이유로 창피를 당하거나 야단을 맞아 힘들어하는 아이는 수없이 많습니다. "집중!" "정신 차려!" "또 조네." "이거 해. 저거 해!" 어른들은 이런 말들로 아이의 꿈을 깨웁니다.

이런 말을 들으면 아이는 몽상의 상태가 부적절하다고 인식합니다. 그래서 어른이 된 후에도 쉬지 않고 자신을 혹사하고 다람쥐 쳇바퀴 돌듯 허덕대면서도 빠져나갈 방도를 몰라 헤맵니다. 아이가 그런 어른으로 자라지 않게 하는 것도 우리의 책임입니다.

아이의 숨은 지혜

아이에게 몽상의 시간을 허락하세요. 아이를 시샘해서라도 아이의 몽상에 전염되어 보세요.

모험

"노는 게 제일 좋아!"

노에미는 학교에서 돌아오자마자 가방을 팽개치고 다시 밖으로 나간다. 부모님은 잠깐 쉬었다가 나가라고 권하지만 소용없다. 학교에서 받은 스트레스를 푸는 최고의 지름길은 밖으로 뛰쳐나가는 것이다. 아이는 마당으로, 도로로, 근처 산으로 달려간다. 노에미의 집은 시 외곽의 주택 단지에 있어 근처에 산이 많다. 부모님은 노에미가 너무 겁이 없어서 늘 걱정이다. 그렇지만 또 한편으로는 딸을 믿는다. 아이는 늘 밖에서 논다. 나무에 올라가고 꽃과 동물의 발자국을 살핀다. 친구들과 산에 올라가고 마당 구석에 굴을 판다.

"이제 그만 놀아!" "조심해, 너무 높아." 엄마가 말할 때마다 노에미의 입에선 항상 똑같은 대답이 나온다. "싫어, 더 놀 거야." 아이가 너무 완강해서 엄마도 하는 수 없이 허락한다. 손이나 무릎이 까질 때도 많다. 하지만 아이는 그 정도쯤이야 아무렇지도 않다.

한나는 노에미의 같은 반 친구이고 집도 가깝다. 하지만 한나는 밖에 나가서 놀지 않는다. 아이는 모험이 무섭다. 노에미가 같이 놀자고 해도 한나는 고개를 젓는다. "싫어. 숙제 해야 해." "그냥 책 읽을래." 속으로는 노에미가 부럽고 그녀의 모험심에 놀란다. 노에미를 따라 산에 올라가보고 싶다. 하지만 용기가 나지 않는다.

세르게는 탐험가이다. 책의 세상을 여행한다. 아홉 살 때는 시립 도서관에서 다독상을 받기도 했다. 아이는 도서관 서가를 돌아다니며 새로운 주제를 찾는다. 올해 생일에는 컴퓨터를 사주겠다고 아빠가 약속했다. 아이는 벌써부터 기대에 들떴다. 컴퓨터가 생기면 인터넷 세상을 신나게 탐험해볼 생각이다.

아이는 우주를 정복하고 싶어 합니다. 호기심이 많아서 탐험 여행을 좋아합니다. 컴퓨터나 책으로 여행을 떠나기도 하고 직접 밖으로 나가 자연을 탐색하기도 합니다.

아이는 경험을 통해 배웁니다. 어떨 땐 스스로가 너무 작고 무능하다고 느껴지다가도 어느 순간 살짝 과대망상에 빠져 뭐든 다 할 수 있을 것 같은 기분이 됩니다. 마음이 이렇게 양극단을 오가는 것은 정상입니다. 스스로 할 수 있다는 확신은 무엇보다 경험을 통해 얻을 수 있습니다. 그런데 부모님과 선생님이 이런 아이의 경험에 경계선을 긋습니다. "차도에서 공 차면 안 돼. 위험해." "불장난하면 안 돼." "이 책은 더 커서 읽는 거야."

물론 아이는 어른들의 모범과 가르침을 통해 용기와 자만을 구분할 수 있게 됩니다. 그럼에도 아이에게는 놀이의 공간과 경험의 공간이 필요합니다. 그곳에서 아이는 모험에 뛰어들어 실패도 해보고 다쳐도 보고 경계와 충돌해보기도 합니다.

부모님이나 선생님 눈에는 그런 신체적·공상적 모험이 때로 너무 위험해 보이지만 아이에겐 이런 놀이 공간이 꼭 필요합니다. 그렇지 않다면 아이는 아무것도 도전하지 못하는 극소심한 인간으로 자라게 됩니다. 도로 경계석에 올라 균형을 잡아보지 못한 아이는 균형 감각을 익히지 못합니다. 넘어져보지 않는다면 다시 일어서는 법을 배우지 못하는 법이니까요.

"왜 갑자기 못 하게 해?"

열네 살 페드로는 지켜야 할 선을 모릅니다. 얼마 전에는 가게에서 물건을 훔치다가 잡혔습니다. 부모님이 화가 나서 펄펄 뛰자 아이는 왜 화를 내는지 모르겠다는 반응입니다. 지금껏 뭐든 다 하게 해놓고 인제 와서 왜 저러나 싶습니다. 부모님은 한 번도 페드로가 뭘 하지 못하게 말린 적이 없습니다. 친구 집에 놀러 갈 때도 아이는 집에 한 번도 연락하지 않았습니다. 엄마 지갑에서 몰래 돈을 빼가도 엄마는 야단을 친 적이 없고, 갖고 싶은 게 있다고 말하면 부모님은 뭐든 다 사줬습니다.

이런 경험들이 페드로를 절제할 줄 모르고 불안이 심한 아이로 만들었습니다. 경계를 경험하지 못하면 경계와 더불어 살 수도 없고 경계에 대처할 줄도 모릅니다. 때로는 어른들이 그은 경계선을 뛰어넘어 볼 필요도 있습니다. 특히 사춘기 아이라면 더욱 그렇습니다. 경계선을 뛰어넘는 과정이 자신의 내부와 타인에게 어떤 반응을 일으키는지, 그렇다면 자신의 행동 기준을 어떻게 수정하면 될지 경험하고 깨달을 수 있기 때문입니다.

그런데 아이에게 전혀 선을 그어주지 않는다면 아이는 이런 경험을 할 수 없게 되고, 그래서 무절제가 당연시됩니다. 무절제한 아이는 더 이상 모험을 하지 않습니다. 모험이 무엇인지 알지 못하기 때문입니다. 이것이 아이에게 모험을 권장하면서도 경계선을 그어줘야 하는 이유입니다.

반대로 한나의 경계선은 폭이 너무 좁습니다. 아이도 겁이 많고 엄마도 겁이 많습니다. 물론 아이를 보호하려는 엄마의 마음은 이해가 되고 또 바람직하기도 합니다. 하지만 집을 나설 때마다 엄마의 겁에 질린 얼굴을 본 아이는 결국 밖으로 나가지 못하고 모험심과 탐험 욕구를 상상의 세계에 가두게 됩니다. 한나는 더 넓은 놀이 공간이, 모험에 뛰어들어 경험을 쌓을 수 있는 드넓은 들판이 필요합니다.

요나스는 책벌레입니다. 아이는 용에 관한 책이라면 다 좋아합니다. 책 한 권을 읽고 나면 잔뜩 흥분해서 용에 대해 떠들어댑니다. 그러자 부모님이 용과 관련된 책을 못 읽게 하고 아이를 억지로 용의 세계에서 끌어냅니다. 아이는 너무너무 상심합니다. 책을 읽지 못하므로 흥분에 대처하지도 못합니다. 흥분을 잘 조절해 마음을 다시 가라앉히는 유익한 경험을 쌓을 수가 없습니다.

아이의 숨은 지혜

어린 시절을 되새겨 보세요. 어떤 모험을 즐겼나요? 부모님이 못하게 말린 경험이 있나요? 혹시 자만한 적은 없었나요? 용기를 낸 자신이 자랑스러웠던 적은요? 자만의 용기를 허락하세요. 당신에게도, 아이에게도.

함께 행복해지는 심리 수업

경계를 확실히 그어주세요

아이들이 장난감이나 물건을 두고 싸우는 광경은 흔합니다. 그럴 때마다 어른들이 나서 중재를 할 필요는 없습니다. 갈등 대부분은 저절로 멈추거나 어른이 슬쩍 한마디만 해줘도 스르륵 풀리니까요. 하지만 싸움이 너무 잦거나 격해져서 평화로운 집안 분위기가 흐트러진다면 어른이 나서서 개입을 해야 합니다. 그럴 때는 보통 불명확한 소유의 문제가 싸움의 원인인 경우가 많기 때문입니다.

어른이 나서서 어떤 것이 누구의 소유인지를 확실히 정해주면 싸울 일도 없어집니다. 모든 물건이 공동 소유인 집안에선 싸움이 그치지 않는 게 당연합니다. 따라서 확실한 배정이 필요합니다. 이건 딸 거, 이건 큰아들 거, 저건 작은아들 거! 물론 모두가 같이 쓸 수 있는 물건도 있지만, 이렇게 소유를 확실하게 정하는 과정이 있어야 아이는 타협을 배울 수 있고 자기 물건을 쓰도록 허락할 수도 있으며 같이 쓰자고 초대할 수도 있습니다. 모든 것이 공유물인 유치원에선 누가 어느 시간과 장소에서 어떤 장난감을 가지고 놀지를 규칙으로 정하면 좋습니다.

장소도 마찬가지입니다. 작은아이에게는 방해 없이 혼자 놀 수 있는 공간을 마련해줘야 하고, 큰아이에게 역시 방이나 거실 일부를 떼어 어린 동생의 방해를 받지 않을 수 있는 장소를 만들어주세요. 아이들이 각자의 권리를 지킬 수 있게 도와줘야 합니다. 공간 배정이 명확할수록 아이는 형제자매의 '방문'을 흔쾌히 허락하고 기분 좋게 서로를 초대합니다. 아이에겐 그곳이 자신의 공간이고 그곳에서는 편안하게 방해 없이 오롯이 자신을 느낄 수 있다는 확신이 필요합니다.

그 지점에서도 우리의 모범이 요구됩니다. 우리가 먼저 자신의 공간을 지키고, 컴퓨터 같은 물건을 "봉쇄지역No-Go Area"으로 선언하는 겁니다. 허락이 없으면 들어올 수 없는 공간, 함부로 만져서는 안 되는 물건으로.

역할놀이

세상에 유치한 놀이는 없다

라라와 아일렌이 놀고 있다. 라라가 말한다. "내가 공주야." 아일렌도 지지 않는다. "싫어. 내가 공주 할 거야." 둘은 번갈아가면서 공주를 하고 남은 사람이 시녀를 하기로 합의한다. 하지만 잘 안 된다. 그래서 그냥 둘 다 공주를 하기로 한다. 둘은 옷을 갈아입고 화장도 하고 공주처럼 우아하게 걷는다. 집안의 모든 사람과 물건이 공주 나라의 것이 된다. 강아지는 공주가 타는 말이고 엄마는 왕비이며 부엌은 연회장이 된다.

파비안과 니크는 이제 곧 학교에 간다. 학교에 가서 뭘 배울지 아직은 모른다. 호기심도 생기지만 살짝 겁도 난다. 그래서 둘은 학교놀이를 한다. 파비안이 선생님이고 니크가 학생이다. 잠시 후에는 역할을 바꾼다. 니크가 파비안에게 글자 쓰기를 시킨다. 파비안이 틀리면 니크가 혼을 낸다. 예쁘게 잘 쓰면 칭찬을 한다.

아이는 놀이를 통해 세상으로 향하는 문을 엽니다. 놀이를 하면서 세상과 자신을 발견합니다. 아이는 도둑도 되고 경찰도 됩니다. 학교놀이를 하며 학교 생활에 대비합니다. 놀이는 생명의 묘약인 동시에 아이들이 세상으로 가는 길입니다. 놀이는 현실에 대처하는 훈련과 연습을 통해 '훈련'과 '연습'이 필요 없을 만큼의 아이의 능력을 키워줍니다.

그런데도 우리 어른들은 아이의 놀이를 무시합니다. 괜히 함께 놀아줬다가는 '유치해' 보일까 봐 애들 놀이에 끼지 않으려고 합니다. 하지만 사실 알고 보면 진짜 이유는 따로 있습니다. 우리 어른들이 놀이의 기쁨과 모험의 즐거움을 잊었기 때문이며, 매사에 불안하고 몸과 마음이 굳어버렸기 때문입니다.

어른이 되어 아이의 놀이를 재발견하는 것은 변화로 가는 길의 재발견이기도 합니다. 그럴 땐 우리가 아이에게서 배울 수 있습니다. 그러자면 아이의 놀이를 인정하고 기꺼이 놀이의 태도를 취할 수 있어야 합니다. 어른으로서의 권위는 내려놓고, 놀이에 담긴 경쟁의 측면을 인정하고, 쾌락과 호기심과 모험심을 받아들여야 합니다.

놀이는 진지함의 반대말이 아닙니다. 아이들이 노는 모습을 가만히 쳐다보면 저절로 알 수 있습니다. 블록으로 쌓기놀이를 하는 아이는 정말로 진지합니다. 그러면서도 놀이하듯 가볍습니다. 아이는 이것도 해보고 저것도 해보고, 이 길도 가보고 저 길도 기웃거려 봅니다. 가벼움과 진지함이 짝을 이룹니다.

놀이를 통한 동일시는 놀이의 핵심입니다. 아이는 죄수가 되고 경찰이 되며, 래퍼도 되고 농구 선수도 됩니다. 그러면서 다양한 캐릭터와 직업에 관심을 보이게 됩니다. 동일시를 통해 특정 역할 속으로 들어가서 그 역할을 경험하고 실컷 맛보다가 다시 훌쩍 다른 역할을 찾아 떠납니다.

"더 놀면 안 돼요?"

너무 많이 놀아서 힘들다는 아이를 나는 평생 본 적이 없습니다. 하지만 거꾸로 놀지 못해서 고통받는 아이는 자주 만납니다. 많은 아이가 숙제가 너무 많아서, 규칙이 너무 엄해서 실컷 놀지 못합니다. 압박과 놀이는 반대말입니다. 둘은 짝이 될 수 없습니다. 그래서 놀지 못하는 아이는 고통스럽습니다.

규칙은 안전한 틀이 될 수 있습니다. 아이는 규칙에 기대어 방향을 잡습니다. 놀이를 할 때도 마찬가지입니다. 하지만 규칙이 너무 옥죄면 자유가 숨을 쉬지 못합니다. 규칙이 야망을 압박하면 놀이가 자유를 잃습니다.

아이는 놀면서 자신이 지금 무엇에 관심이 있는지를 보여줍니다. 말하지 않아도 무엇이 자신의 마음을 움직이고 끌어당기고 있는지를 알려줍니다. 아이를 행복하게 만들거나 걱정시키는 것이 무엇인지는 놀이에서 드러납니다. 그러니 마음을 열고 호기심을 품고서 아이의 놀이를 지켜본다면 아이의 마음 깊은 곳을 훤히 들여다볼 수 있게 됩니다.

아이의 숨은 지혜

기억을 떠올려보세요. 예전에 무슨 놀이를 많이 했던가요? 아이하고 다시 해보고 싶은 놀이가 있나요? 아이가 시키는 역할을 흔쾌히 해줄 마음이 있나요?

수집

전문가가 되어보는 첫걸음

야코프는 유럽 챔피언스 리그 축구팀 선수들의 사진을 모은다. 수집용 앨범에 소중히 보관한다. 부모님과 할머니, 할아버지도 손을 보탠다. 덕분에 독일 팀 선수들 사진은 차고 넘치고 프랑스 팀 선수들 사진도 거의 다 모았는데 유독 보아텡(Jérôme Boateng, 2022년 현재 프랑스 리그 1의 리옹에서 활약하는 독일 축구 선수—옮긴이)의 사진만 없다.

그래서 아이는 교환 거래에 나선다. 독일 선수 사진 세 장에 보아텡 사진 한 장. 축구 선수 사진을 수집하는 학교 친구들도 많다. 유럽 리그 참가 선수들 사진이 세 명만 빼고 다 모이자 아빠는 야코프와 시내의 물물 교환 장터로 간다. 야코프는 그곳에서 빠진 세 명의 사진을 구한다. 수집품이 완성되자 아이의 얼굴에 환한 웃음이 피어난다.

노라는 하마를 수집한다. 이유는 아무도 모른다. 누가 이유를 물어보면 "예쁘잖아요. 제가 좋아해요"라고 대답한다. 아이는 하마의 사진을 모아서 앨범에 넣어두거나 벽에 붙인다. 인터넷에서 하마 사진을 다운받아 인쇄한다. 또 하마에 관한 정보는 모조리 수집한다. 어디에서 어떻게 사는지…… 작은 하마 인형들도 모은다. 특히 하마에 관한 책 세 권은 아이의 자랑거리이다. 아이는 하마 수집가일 뿐 아니라 하마 전문가다.

열한 살 울프는 그리스 신화 책을 읽는다. 영웅들의 활약상과 멋진 삶에 절로 감탄이 터진다. 아이는 영웅들을 그린 책의 일러스트를 따라 그려서 벽에 붙여본다. 그날 이후 아이는 고대 그리스 영웅들의 그림과 이야기들을 수집한다. 수집용 A4 파일 바인더를 장만해서 수집품을 차곡차곡 정리한다. 파일이 날로 두꺼워져 간다.

아이는 왜 수집을 할까요? 아마 우리 선조들이 채집과 사냥으로 먹고 살았던 것도 수집의 이유 중 하나일 것입니다. 하지만 아이의 수집은 다른 성격을 띱니다. 아이는 식량 조달을 걱정할 필요가 없고 생존 투쟁에 나설 필요도 없습니다. 그러니 목적은 다릅니다. 어서 커서 세상을 점령하는 것, 그것이 아이의 목적입니다.

이것 외에도 많은 요인, 많은 요소가 작용합니다. 수집하는 아이는 통제를 배웁니다. 자기 뜻대로 수집품을 분류하고 간직합니다. 세상 일부를 자신의 경험 왕국에 추가하여 세상의 한 측면을 제 것으로 삼고자 합니다.

고대 그리스의 영웅이건, 축구 선수건, 하마이건 간에 아이가 수집품과 자신을 동일시하는 경우도 있습니다. 특히 수집품이 사람이나 동물, 상상의 인물일 경우에는 더욱 그렇습니다. 수집은 항상 자발적 관심에서 시작됩니다. 어른의 지시나 요구가 수집의 계기가 아닙니다. 아이 스스로도 정확히 설명할 수 없는 어떤 계기가 수집을 자극합니다. 또 아이는 수집을 통해 그 분야의 전문가로 성장합니다. 어떤 아이는 같이 대화를 나누는 수준을 넘어 남들은 모르는 지식을 갖춘 전문가가 됩니다.

수집은 안정감을 줍니다. 수집품은 제 마음대로 다룰 수 있기 때문입니다. 수집품은 나만의 것이며 나의 소유물입니다. 내 손이 닿는 곳에 있고 나의 왕국이며 나의 재산입니다.

"내가 얼마나 열심히 모은 건데……."

대부분의 아이가 수집에 열정을 쏟습니다. 따라서 수집의 금지는 아이에게 고통을 유발합니다. 특히 어른이 아이의 수집품을 비웃을 때 아이는 큰 상처를 받습니다. 막스는 도토리를 모읍니다. 이유는 모르겠습니다. 아이의 책상 서랍에는 온갖 모양의 도토리가 수북합니다. 또 시험이나 생일처럼 특별한 날에는 제일 예쁘게 생긴 도토리를 골라 바지 주머니에 넣어 다닙니다.

하루는 아빠가 서랍을 열었다가 가득 찬 도토리를 보고는 버럭 화를 냅니다. "아니 이게 다 뭐야? 네가 다람쥐냐? 10년은 거뜬히 먹고도 남겠네. 당장 안 갖다 버려?" 막스는 크게 상처를 받습니다. 애써 모은 도토리는 자신의 일부와 같습니다. 버릴 수 없고 그래서도 안 됩니다.

모은 물건이 썩거나 곰팡이가 피거나 하면 문제가 생기는 건 맞습니다. 그럴 땐 부모님이 아이와 이야기를 나눠 청소를 하거나 수집 품목을 다른 것으로 바꿀 필요가 있습니다. 이건 수집의 금지가 아니라 더 나은 해결책을 찾으려는 공동의 노력이자 수집의 열정을 실천할 수 있도록 아이를 지원하는 조력이니까요.

아이의 숨은 지혜

아이가 마음껏 수집하게 하세요. '전문가'가 될 수 있게 도와주세요. 아이의 수집에 관심을 보이세요. 호기심이 동한다면 아이의 보물을 한번 구경도 해보세요. 아이와 같은 마음이 되어 진짜 보물을 찾게 될지도 모르잖아요.

우상

사람한테 반하는 멋진 경험

알바는 말을 배우는 중이다. 몇 마디는 벌써 할 줄 안다. 부모님과 저녁을 먹다가 아이가 갑자기 소리친다. "아, 진짜 왜 그래?" 눈을 부릅뜨고 눈썹을 치켜세운다. 아빠가 하하하 웃는다. 엄마는 뜨끔한다. 엄마는 알바와 똑같은 표정으로 아빠한테 그 말을 자주 한다. "아, 진짜 왜 그래?" 알바는 엄마와 자신을 동일시하고 엄마를 모방하면서 말을 배운다.

사샤는 운동을 싫어한다. 그나마 꼭 고르라면 축구다. 그런데 6학년이 되던 해 체육 선생님이 새로 오셨다. 체조가 전공이라고 한다. 어느 날 아이가 친구에게 말한다. "나 이제부터 체조할 거야." 아이는 체조 교실에 등록하고 열심히 달리기와 멀리뛰기를 한다. 너무 의외여서 친구들이 깜짝 놀란다.

사샤는 체육 선생님이 좋다. 선생님은 사샤처럼 구소련 국가 출신인데 독일로 와서 '성공'을 했다. 안정적인 직업도 있고 성품도 훌륭하고 인기도 많다. 사샤는 선생님처럼 훌륭한 사람이 되고 싶다. 그래서 선생님을 따라 체조를 배운다.

율리아는 책을 좋아하는 소녀다. 하루는 도서관 서가에서 마리 퀴리 전기를 발견해서 빌려 왔다. 읽어보니 마리 퀴리는 정말 대단한 사람이다. 친구들은 다 가수나 배우를 좋아하지만 율리아는 마리 퀴리를 좋아한다. 퀴리의 사진을 액자에 넣어서 책상에 놓아둔다.

마리 퀴리는 폴란드 비스와에서 태어났다. 당시엔 러시아 왕국의 영토였는데 그곳에선 여자가 대학에 들어갈 수 없었으므로 마리는 파리로 건너갔다. 그녀는 파리 소르본 대학교에서 학생들을 가르친 최초의 여성이자 최초의 여성 교수였다. 노벨상을 두 번이나 탔고 부상당한 군인들의 치료에도 팔을 걷어붙이고 나섰다. 그 모든 것이 배울 점이다.

율리아는 갑자기 수학과 물리학에 흥미를 느끼고 그 과목의 성적도 향상된다. 대학에 가면 꼭 자연과학을 전공할 생각이다.

아이는 항상 다른 사람과 자신을 동일시합니다. 그 대상은 주로 부모나 조부모, 형이나 누나, 친척, 이웃, 선생님 등입니다. 앞서 설명했듯 아이는 역할놀이를 통해 동일시를 배우고, 자신의 다양한 측면을 발견하고 실현합니다. 나아가 학습에도 동일시가 중요합니다. 아기의 언어 학습부터가 그렇습니다. 아이는 인지적으로 단어나 문법을 익히는 한편, 말하는 어른을 모방하고 어조와 제스처를 따라하면서 어른들의 단어와 어휘를 '전체적으로' 배웁니다. 물론 동일시를 통한 학습은 완벽하지 않습니다. 아이의 동일시 대상이 어떤 사람과 그 사람의 인성 특정 부분에 국한되어 있기 때문입니다.

동일시는 무의식 속에서 부수적으로 일어나는 경우가 많습니다. 특히 어릴 때는 거의 그렇습니다. 어쨌거나 동일시는 정체성 발달을 촉진합니다.

닮고 싶은 마음

동일시는 그것이 자극제 역할을 하고 아이의 노력에 방향을 제시한다는 점에서 의미가 있습니다. 아이의 동일시가 문제가 되는 경우는 거의 없습니다. 문제는 아이의 동일시 충동을 부정하고 거부하는 타인의 반응입니다. 그런 반응을 마주하면 아이는 창피와 모멸감을 느낍니다.

가령 율리아도 창피를 당했습니다. 학교에서 마리 퀴리를 좋아한다고 말했더니 친구들이 다 웃었던 겁니다. 그날 이후 친구들은 율리아를 "마리"라고 부르며 의미심장한 미소를 지었습니다. 율리아는 처음에는 화가 났지만 점점 마음이 서글프고 막막해졌습니다. 참다못한 율리아는 놀림의 주동자와 담판을 지었습니다. "한 번만 더 놀리면 가만 안 둬."

알바 같은 아이는 어른의 거울입니다. 우리의 잘못된 습관과 행동을 비춰주는 교훈의 역할을 합니다. 이때 아빠의 웃음은 적절한 반응입니다.

아이는 동일시를 통해 성장하고 싶은 마음을, 모델의 필요성을 역설합니다. 구체적인 모델은 바뀔 수 있어도 발전을 향한 노력은 어느 아이에게나 같습니다. 그 노력을 우리가 존중하고 지지해야 합니다.

아이의 숨은 지혜

어릴 적에 우상이 있었나요? 누구를 좋아했나요? 발전의 자극제가 되었던 사람이 있었나요?

함께 행복해지는 심리 수업

서로에게 거울이 되어주세요

세상만사가 그렇지만 육아도 헷갈릴 때가 한두 번이 아닙니다. 선을 확실히 그어 엄하게 키워야 할까요? 아니면 배려와 사랑으로 아이를 적극 지지해야 할까요? 교육학의 세계에서도 이를 두고 격론이 벌어지며 양 진영이 여전히 주장을 굽히지 않고 있습니다. 하지만 이런 토론은 비생산적이고 본질을 가릴 뿐입니다.

나는 교육 방식으로 '그리고'를 권합니다. 아이에겐 두 방법 모두가 필요합니다. 아이에겐 양분이 필요합니다. '그리고' 상대가 필요합니다. 양분이란 사랑과 배려, 온기와 지지입니다. 몸과 마음의 양분, 즉 신체 접촉과 정서적 지지입니다. 양분을 얻지 못한 아이는 성장하지 못합니다. '그리고' 아이에겐 상대와 경계가 필요합니다. 여기서 상대란 자신과는 다른 사람, 다른 의견을 품고 개진하는 사람을 의미합니다. 상대가 있다는 것, 나와는 다른 사람이 있다는 것은 마찰을 불러오고 마찰은 온기를 발생시킵니다. 당신이 상대가 되어줘야만 아이는 다툼을 배우고, 다른 의견을 참고 수용하는 법을 배우면서, 상대를 붙잡고 일어서는 방법을 배웁니다. 상대는 아이에게 버팀목이자 세계를 형성하는 틀이 됩니다.

나는 아이의 정체성, 즉 아이덴티티Identity의 발달을 촉진하는 기본 요소를 세 가지로 보고 이를 트리덴티티Tridentity라고 부릅니다. 앞서 말했듯, 첫째는 양분이요 둘째는 상대이며 셋째는 반영입니다. 우리는 피드백을 통해 아이의 거울이 되어줘야 합니다. 우리가 무엇을 보고 무엇을 느끼며 무엇을 인식하는지 아이에게 알려줘야 합니다. 인간은 고립된 존재가 아닙니다. 혼자서는 인식하고 깨달을 수 없습니다. 우리에겐 거울이 필요하고 피드백이 필요합니다. 아이에게 서로를 비추고 반영할 거울 같은 존재가 없다면, 아이는 자신이 누구인지 모를 테고 정체성이 흔들릴 테지요.

다시 한번 강조하지만 셋 중 하나를 선택해야 하는 사안이 아닙니다. 정체성 발달의 이 세 가지 측면을 모두 적극 활용하세요.

2부

몰라서
이해하지 못한
아이의 진짜 속마음

아이 마음 어루만지기

기대기

그냥, 가만히, 같이

잉고는 태어난 지 몇 주밖에 안 된 신생아다. 아기는 엄마 품에 폭 안겨 있다. 긴장하지도 힘을 싣지도 않은 채 편안하게 엄마에게 몸을 맡긴다. 아이는 내맡김의 기적을, 안전의 기적을 보여준다.

아빠가 엘피에게 책을 읽어준다. 아이가 제일 좋아하는 동화책이다. 여덟 살 엘피는 어릴 적부터 엄마 아빠가 읽어주는 동화를 좋아했다. 글을 읽을 줄 알지만 누가 읽어주는 게 더 좋다. 특히 아빠가 읽어줄 때를 제일 좋아한다. 처음에는 똑바른 자세로 아빠 옆에 앉아서 아빠의 목소리에 귀를 기울인다. 하지만 차츰차츰 몸이 가라앉다가 결국 아빠 어깨에 머리를 얹는다. 아빠에게 기대 아빠의 냄새를 맡는다.

엄마의 생일에 열다섯 살 헨드릭이 책을 선물한다. 엄마가 포장지를 뜯고 활짝 웃는다. 무엇보다 아들이 편지를 써 줘서 매우 기쁘다. 헨드릭이 엄마에게 다가가 어색하게 포옹을 한다. 엄마의 품을 파고들며 어깨에 머리를 기대는 바람에 엄마가 비틀 넘어질 뻔한다. 헨드릭은 키가 큰 축구 선수로 언제나 씩씩하고 독립적인 아이지만 오늘만큼은 엄마에게 살짝 기대고 싶다.

아이는 많은 기대와 요구를 받습니다. 세상을 이해하고 세상에서 자리 잡는 법을 배워야 하고 더 나아가 머리로 배운 교훈을 행동으로도 옮겨야 합니다. 매일 매주 새롭게. 부모님과 선생님뿐만 아니라 친구들과 다른 어른들도 이런저런 기대를 겁니다.

어른들은 아이를 돕고 싶어 공부를 가르치고 숙제를 도와주고 상담도 해주지만, 아이는 그것마저 잘해야 한다는 신호와 요구로 해석합니다. 어른들과 세상이 바라는 대로 제대로 기능해야 한다고 말입니다. 공부를 잘해서 부모님의 '수치'가 되지 않아야 한다고 자신을 재촉합니다.

아이는 그런 압박감에 전력을 다합니다. 누가 특별히 뭐라고 하지 않아도 알아서 힘을 쏟아붓습니다. 전력 질주를 하고 자신을 채찍질합니다. 그런 아이에게 무엇이 필요할까요? 바로 긴장을 풀고 신뢰하는 상대에게 느긋하게 기대는 순간입니다.

인간은, 특히 아이는 다른 이에게 기댈 수 있어야 합니다. 그럴 때 우리는 안전하며 보호받는다고 느끼고, 누군가가 떠받쳐 줄 만큼 자신이 가치 있는 존재라고 느낍니다. 이는 숨 쉬고 밥 먹는 일만큼이나 중요하고 필수적인 인간의 기본 욕구입니다.

"오늘은 아무것도 하지 말자."

사라는 말을 하지 않습니다. 기껏해야 엄마랑 두세 마디 주고받는 것이 전부입니다. 그것도 단둘이 있을 때만입니다. 다른 사람이 같이 있으면 절대로 말을 하지 않습니다. 학교에서도, 친구들과 있을 때도. 담임 선생님 권유로 심리상담을 받은 아이는 '선택적 함구증'이라는 진단을 받습니다. '함구증'이란 말을 하지 않는다는 뜻입니다. '선택적'이란 완전한 함구증과 달리 특정 조건에서만 말을 한다는 의미입니다.

사라는 여러 치료법을 거친 후 심리치료를 처방받았습니다. 사라가 특히 좋아한 치료는 음악치료였습니다. 치료사 선생님이 이런 말로 상담을 시작했기 때문입니다. "하고 싶은 이야기가 있으면 말을 해도 좋아. 하지만 말이 하기 싫거든 악기로 표현해도 돼. 말을 안 해도 나는 널 이해할 수 있거든. 그게 내 전문이야." 사라는 그게 편하고 좋았습니다. 학교에 가거나 사람들하고 있을 때는 말을 해야 한다는 부담감이 너무 커 상대가 아무리 좋은 뜻으로 도와주려 해도 오히려 부담만 더 커졌습니다.

나는 사라를 담당한 음악치료사를 슈퍼비전 활동에서 만났습니다. 그녀는 사라의 이야기를 들려주며 사라가 마음을 열고 자신을 신뢰할 수 있게 되었다며 좋아했습니다. 그녀는 정말로 큰 노력을 기울였습니다. 사라가 자의식을 키워 다시 말문을 틀 수 있도록 온갖 치료법과 놀이를 고민하고 동원했습니다.

덕분에 두 사람은 큰 걸음을 뗐습니다. 사라가 가족을 표현하는 여러 가지 악기로 연주를 시작한 겁니다. 그런데 아이가 유독 '아빠 악기'를 건드리지 않아 엄마에게 물었더니 아빠가 몇 달 전 갑자기 집을 나가버렸다고 했습니다. 음악치료사는 사라가 그로 인해 큰 슬픔에 빠졌지만 아빠의 상실과 자신의 슬픔을 표현할 적당한 말을 찾지 못하는 것 같다고 추측했습니다. 그래서 아이가 말문을 닫아버렸다고 말입니다.

그렇게 치료사 선생님은 사라의 함구증 원인을 밝혀내고 말문을 다시 열어주기 위해 다방면으로 노력 중이었습니다. 슈퍼비전에서는 해소되지 못한 슬픔을 안고 아빠의 상실을 말로 표현하지 못한 채 세상을 살아가는 사라가 무척 힘들 거라는 데 의견이 모아졌습니다. 나는 음악치료사 선생님께 다음 상담 시간에는 아무 준비도 하지 말라고 조언했습니다. "그냥 아무것도 하지 마세요."

치료사 선생님은 깜짝 놀라며 거부감을 표했습니다. 지금까지의 치료와 완전히 상반되는 조언이었기 때문입니다. 나는 그녀에게 아무것도 하지 않는 게 오히려 기회가 될 수도 있다고 설명했습니다. 한번쯤 적극적 치료의 길에서 살짝 발을 빼보라고. 그녀는 고개를 끄덕이며 그렇게 하겠다고 대답했습니다.

다음 상담 시간에 치료사 선생님은 기대에 차서 자신을 바라보는 사라에게 말합니다. "오늘은 아무것도 하지 말자. 그냥 같이 있는 거야." 치료사 선생님이 소파에 앉아 사라를 가만히 바라봅니다. 사라는 놀라고 당황해서 이 악기 저 악기 만지작대다가 결국 선생님의 옆자리로 와서 자리를 잡고 앉습니다. 2분 후 아이가 선생님에게 몸을 기댑니다. 그리고 잠시 후엔 선생님의 허벅지에 머리를 대고 눕더니 편안하게 가만히 누워 있습니다. 남은 시간을 그렇게 보냅니다. 선생님이 상담 시간이 끝났다고 말하자 몸을 일으킨 사라가 선생님을 보며 미소를 짓습니다. 그러곤 말합니다. "정말 좋았어요."

아이의 숨은 지혜

자신에게 물어보세요. 누구에게 기대면 좋은가요? 어떤 환경, 어떤 분위기에서 기대나요? 그런 환경, 그런 분위기를 아이에게도 만들어 주세요. 아이가 마음껏 기댈 수 있게.

밀기

하이파이브의 짜릿함

메메트의 부모님은 열심히 아들의 뒷바라지를 한다. 아이가 공부를 잘해서 자신들보다 나은 인생을 살기 바라기 때문이다. 메메트는 머리가 좋으니 열심히 밀어주면 분명 성공할 것이다.

야노쉬는 메메트를 집으로 데려가 같이 놀고 싶지만 그게 쉽지가 않다. 메메트가 너무 바쁘기 때문이다. "월요일에는 수학 과외가 있고 화요일과 목요일에는 스포츠 수업이고 수요일에는 영어 학원을 가고 금요일에는 미술 학원을 가야 해. 토요일에는 축구 클럽에 가고 일요일에는 가족 나들이를 가거든. 축구 수업이 없는 날이나 가능할 것 같아." 메메트의 하루하루는 빡빡한 일정으로 꽉 차 있다. 아이가 해이해질까 봐 부모님은 아이에게 압박을 가한다.

마르틴이 아이스크림 가게에 앉아 있다. 컵 아이스크림을 먹는 중이다. 엄마 아빠가 다정한 목소리로 연신 흘리면 안 된다고 주의를 준다. 새로 산 스웨터가 더러워지면 안 되니 말이다. 마르틴은 흘리지 않으려 애쓴다. 세 살밖에 안 된 아이가 최선을 다한다. 하지만 숟가락으로 푼 아이스크림이 흐르고 튄다.

불안해진 아이가 큰 소리로 칭얼대기 시작한다. 옆에 앉은 할아버지가 아이가 하는 모양을 가만히 관찰한다. 마르틴은 부모님의 압박을 따라가지 못한다. 도무지 부모님의 바람을 들어줄 수가 없다. 할아버지가 마르틴에게 손바닥을 보이며 말한다. "마르틴, 할아버지랑 하이파이브!" 마르틴이 그 작은 손으로 할아버지의 큰 손을 때리며 활짝 웃는다. 보아하니 그게 필요했던 모양이다. 밀고 때리기!

마라가 친구를 집에 데리고 온다. 친구들과 말놀이를 한다. 마라의 아빠가 말이다. 아빠가 바닥에 깔린 매트리스에 올라가 무릎을 꿇고 손을 바닥에 대고 말 흉내를 낸다. 마라와 친구들이 말에 올라타서 반항하는 말을 길들인다. 모두 신이 나 웃으며 환성을 질러댄다.

메메트와 마르틴처럼 아이도 압박감을 느낍니다. 물론 어른들의 압박은 다 아이를 생각하는 마음에서 비롯됩니다. 어른은 아이를 지지해주고자 하지만 아이는 생각합니다. "저렇게 많은 것이 필요하다니 난 모자란 아이인가 봐." 아이는 성과 압박에 시달립니다. 한동안은 잘 참아내지만 어느 순간 부담이 도를 넘어서면 아이는 스트레스에 짓눌려 질식할 것 같은 기분이 듭니다.

압박감이 들 때는 힘을 줘 밀면 좋습니다. 압박감이 없을 때도 마찬가지입니다. 미는 동작은 몸으로 느끼는 만남입니다. 상대를 밀면 (혹은 당기면) 상대의 저항과 힘뿐만 아니라 자신의 힘도 느낄 수 있습니다. 아이는 그 느낌을 좋아합니다. 그 밀고 당기는 감각이 아이의 힘을 키우고 그가 자라도록, 다시 일어나도록 돕습니다.

밀기, 그리고 아프면 멈추기

외르크는 다른 친구들을 밀칩니다. 유치원에서 한시도 가만히 있지 않고 뛰고 구르며 계속 가만히 있는 친구들을 툭툭 치고 밉니다. 그 바람에 넘어진 친구들이 아파서 울음을 터트립니다. 어떨 땐 선생님들도 밉니다. 힘을 줘서 밀면 선생님들도 비명을 지릅니다. 선생님들은 어떻게 해야 할지 몰라 고민이 큽니다. 하지만 어찌해야 할지 모르겠는 건 외르크도 마찬가지입니다. 뭐든 보면 밀어버리고 싶은데 그러면 다들 싫어합니다. 그래도 달리 어떻게 해야 할지 모르겠습니다.

어느 날 한 선생님이 외르크를 불러 말합니다. "자, 이제부터 우리 둘이서 밀치기 시합을 하는 거야. 누가 이길지 한번 볼까?" 두 사람은 서로를 밀기 시작합니다. 두 사람의 얼굴에 환한 웃음꽃이 피어납니다. 물론 선생님은 외르크가 아플까 봐 부러 살살 밉니다.

외르크가 원했던 것, 외르크에게 필요했던 것이 바로 이것입니다. 다른 사람과 서로를 밀고 밀치는 놀이. 이유는 모르겠지만 아이는 몸으로 타인의 신체를 느끼고 싶습니다. 누군가 자신을 알아보고 중요하게 생각한다는 기분을 신체 접촉을 통해 느끼고 싶습니다. 잠시 후 선생님이 다시 말합니다. "이번에는 천천히 해보자." 두 사람은 느릿느릿 서로를 힘껏 밉니다. 두 사람의 얼굴에 또다시 웃음꽃이 피어납니다.

아니타는 학교에서 친구들을 꼬집고 할퀴고 때립니다. 수업 시간에는 죽은 듯 가만히 있다가 쉬는 시간 종만 치면 벌떡 일어나서 친구들에게 달려듭니다. 선생님과 친구들은 어쩔 줄을 모릅니다.

하지만 그건 아니타도 마찬가지입니다. 아이에겐 기댈 언덕이 없습니다. 가정은 풍비박산이 나기 직전입니다. 아이도 화가 나고 같은 반 친구들도 화가 납니다. 선생님은 아니타가 그러는 이유가 강렬한 신체 접촉을 통해 속수무책의 심정을 해소해보려는 나름의 노력이라고 추측합니다.

쉬는 시간 종이 울리자 선생님은 아니타에게 팔을 내밀며 말합니다. “자, 밀어봐. 밀어! 꽉 밀어. 아프면 아프다고 할게. 그럼 멈추면 돼.” 아니타가 선생님의 팔을 세게, 더 세게 밉니다. 부드럽게 살짝 밀기도 합니다. 그러자 기분이 좋아집니다. 아이는 주기적으로 선생님에게 달려와 팔을 밉니다. 얼마 안 가 친구들을 꼬집고 때리던 아니타의 나쁜 습관이 사라집니다. 대신 아니타는 친구들을 아프게 하지 않으면서 서로 밀고 당길 멋진 방법들을 생각해냅니다.

아이의 숨은 지혜

아이와 밀치기놀이를 해보세요. 물론 아이가 하고 싶다고 할 때만 해야 합니다. 만약 아이가 스트레스를 받는 것 같거든 더더욱 밀치기 놀이를 해보세요. 압박감에는 밀기가 특효약이거든요.

간지럼

자유롭고도 내밀한 쾌감

반야가 자지러질 듯 깔깔깔 웃는다. 반야는 세 살이다. 아이는 소파에 누워 있다. 옆에 앉은 엄마가 손가락을 벌이나 비행기처럼 이리저리 흔들며 부우우웅 소리를 낸다. 그러다 손가락으로 반야의 배와 상체를 찔러 아이를 간질인다. 반야가 까르르 웃는다. 다시 손가락이 공중을 왔다 갔다 한다. 아이는 눈을 크게 뜨고 엄마의 손가락을 쫓는다. 기대에 차서, 약간은 겁을 내면서. 저런! 손가락이 다가오지 않는다. 그러다 다시 내려와 아이의 몸을 찌르더니 마구 간질인다. 아이가 또 해맑은 웃음을 터트린다.

슈테프는 반야보다 나이가 한참 많다. 무려 열네 살이다. 아이에서 어른으로 넘어가는 중요한 길목에 진입하는 중이다. 슈테프는 수줍음이 많고 겁도 많아서 주로 혼자서 논다. 학교 친구도 없어서 혼자서 컴퓨터 게임만 한다. "남편이 집을 나가고 나서 더 심해졌어요." 아이의 우울증 증상 때문에 나를 찾아온 엄마가 말한다. 나는 슈테프와 만남을 이어가면서 서서히 가까워졌다. 슈테프가 내게 신뢰를 보인다. 우리는 이야기를 나누고 그림을 그린다. 심지어 운동도 조금 한다. 목도리, 밧줄, 공을 이용해 서로에게 다가간다.

어느 날 슈테프가 내 앞으로 오더니 뚜렷한 이유도 없이 갑자기 소리를 지른다. "난 간지럼 안 타요!" 나는 깜짝 놀라 아이를 쳐다본다. 아이는 달아날 것처럼 몸을 돌리고도 발은 그대로 둔 채 다시 소리친다. "난 절대 간지럼 안 타요." 아이의 외침은 계속된다. "겨드랑이는 진짜로 안 타요. 오늘은 절대로 간지럼 안 타요. 간질여보세요. 안 웃어요." 나는 아이의 말뜻과 요구를 파악한다. 아이는 누군가 간질여주기를 바라고 있다. 나는 슈테프에게 다가가 간질이려는 제스처를 취한다. 아이는 거의 달려들다시피 내 손가락을 향해 다가온다. 말로는 간지럽다고 어리광을 부리지만 너무너무 좋아한다.

슈테프는 간지럼 타지 않는다는 말로 자신이 바라고 필요한 것을 에둘러 표현한다. 나중에 알게 된 사실이지만 아이는 아빠와 자주 간지럼을 태우며 놀았다. 아이는 그 놀이를 그리워했다.

간지럼이 뭔지는 설명하기가 힘듭니다. 간지럼에는 일정 부위 일지언정 신체 접촉이 있고 반사 작용이 있습니다. 자기도 모르게 몸이 움칠 경련합니다. 웃음이 함께하는 경우도 많습니다. "하지 마!"와 "계속해!"를 오가는 괴로운 웃음에 즐거운 비명과 절규도 함께합니다.

간지럼은 접촉의 흥분이거나 흥분의 접촉입니다. 간지럼의 반응은 거침없고 자유분방합니다. 하지만 언제나 접촉이 먼저 있어야 합니다. 혼자서는 통하지 않습니다. 자기 몸은 아무리 간질여도 간지럽지 않습니다.

간지럼과 그에 대한 반응은 고통과 쾌락의 순간을 동시에 포함합니다. 누군가 내 몸을 간질이면 터져 나오는 웃음을 참을 수가 없습니다. 그래서 고통스럽습니다. 하지만 동시에 접촉과 상호 작용과 거침없는 반응은 쾌락을 안깁니다.

아이들은 대개 간지럼을 좋아합니다. 거침없는 상호작용을, 웃음과 흥분과 접촉을 사랑합니다. 아이는 간지럼을 통해 우리와 닿고 싶다는 자신의 바람을 알려줍니다. 그리고 그 바람을 요구합니다.

"간질여보세요. 안 웃어요!"

아이에게 강제로 간지럼을 태우는 사람이 있습니다. 아이의 반응이 너무 재미있어서 아이가 싫다고 저항해도 계속 아이를 간질입니다. 간지럼은 묵계의 합의가 필요합니다. 그렇지 않다면 당연히 선을 넘는 행동으로 저항을 불러옵니다.

아이가 간지럼을 거부하는 이유 대부분이 바로 이런 선 넘음입니다. 물론 아이마다 감각의 밀도가 다르므로 똑같이 간질여도 반응이 다를 수 있습니다. 간지럼의 성격도 영향을 미칩니다. 세게 간질이는 걸 좋아하는 아이가 있는가 하면 부드럽게 만지는 걸 좋아하는 아이도 있습니다. 대부분의 아이들이 간질이면 좋아하는 신체 부위도 아이에 따라서는 싫어할 수 있습니다. 하지만 간지럼 자체를 싫어하는 아이는 매우 드뭅니다.

울리케는 간지럼을 태우면 울음을 터트립니다. 엄마가 동생을 간질여 동생이 까르르 웃어도 아이는 겁에 질린 표정으로 울상을 짓습니다. 그러다 얼마 전부터는 옆에서 누가 간지럼을 태우는 장면을 보기만 해도 엉엉 웁니다.

엄마는 울리케를 이해할 수가 없습니다. "아무리 생각해도 모르겠어요. 다른 건 다 괜찮아요. 아주 정상이에요. 근데 저런 반응은 정말이지 적응이 안 돼요. 이해할 수가 없어요." 엄마가 이런 말을 하고 몇 달 후 울리케가 이웃집 오빠한테 성폭행을 당했다는 사실이 밝혀집니다. 아이는 이야기를 할 수 없었습니다. 어떻게 말해야 할지를 몰랐기 때문입니다. 그날 이후 아이는 모든 신체 접촉을 폭력의 경험과 연결했고 어릴 적엔 그렇게 좋아하던 간지럼마저 즐기기는커녕 참을 수조차 없게 되었습니다. 아이는 누가 만지면 온몸이 굳어지다가 결국 울음을 터트립니다. 아이는 자신의 지혜로, 말은 할 수 없어도 특정한 반응을 엄마에게서 보여줌으로써 스스로 느낀 바를 표현한 겁니다.

아이는 아무리 생각해도 모르겠습니다. 그 모든 일이, 정말이지 적응이 안 됩니다. 자기 자신마저 이해할 수 없었고 지금도 이해가 되지 않습니다.

아이의 숨은 지혜

아이와 간지럼을 태우며 놀아보세요. 물론 아이가 원할 때만 그래야 합니다.

'몸으로 만나는 기적'을 느껴보세요

앞서 특정한 종류의 접촉이 얼마나 중요한지를 거듭 강조했습니다. 아이와는 대화도 중요하고 스킨십도 중요하고 놀이도 중요하지만 그것만으로는 부족합니다. 아이에겐 특별한 성격의 만남이 필요합니다. 우리는 그것을 '몸으로 느끼는 만남'이라 부릅니다.

몸으로 느끼는 만남은 내 아내 가브리엘레 프릭베어와 공동으로 진행한 신생아 연구와 치료 연구에서 탄생한 개념입니다. 우리는 이 특정한 성격의 만남이 치료 과정에 큰 도움이 된다는 사실을 확인했습니다. 아이가 세상에 나와 세상을 향해 문을 열 때는 이런 만남이 발달에 결정적인 도움이 됩니다. 앞에서도 여러 번 언급했지만 여기서 정리하는 의미로 다시 한번 소개해보고자 합니다.

첫째는 '듣기'입니다. 어린아이는 소리를 내고 세상을 향해 외칩니다. 그리고 그 소리를 들어줄 누군가를 필요로 합니다.

육아의 달인이 된 엄마 아빠는 우는 소리만 듣고도 아이가 오줌을 쌌는지, 놀고 싶은지, 배가 고픈지, 잠이 오는지 척척 압니다. 이는 소리의 가장 특수한 성격 중 하나입니다. 소리를 내고 누군가 그 소리를 들어주는 것, 이것은 몸으로 느끼는 다섯 가지 기본 만남의 하나입니다. 아이는 말이건 목소리건 마음을 표출할 방법이 필요하고, 소리를 들어줄 누군가의 귀가 필요합니다. 소리를 낼 수 있어야 하고 누군가 그 소리를 들어줘야 합니다.

두 번째는 '보기'입니다. 아이가 세상에 태어나 처음으로 세상을 바라볼 때 정보의 취득은 중요하지 않습니다. 아이의 시선에는 세상을 향해 마음을 열고 세상을 자기 안으로 들이고픈 아이의 영혼이 담겨 있습니다. 아이는 자라서도 세상을 바라보며 누군가 자신을 봐주기를 원합니다. 그런데 많은 경우 안타깝게도 아무도 말을 들어주지 않고 봐주지 않을 때가 돼서야 그 사실을 깨닫습니다. 아이와 서로를 바라보는 행위는 아이의 실존 감각과 직결된 일이며, 시선으로 몸과 몸이 만나는 일입니다. 무엇보다 아이를 있는 그대로 바라봐주는 것이 중요합니다. 아이의 실수와 약점만 보지 말아야 하듯 아이의 장점과 특기만 봐서도 안 됩니다.

세 번째는 이제 곧 살펴볼 '붙잡기'입니다. 아이는 세상으로 뻗어나갑니다. 손가락으로, 팔로, 입으로, 발로 세상을 붙잡아 파악하고 배우려 합니다. 그리고 누군가 존중과 관심으로 자신을 잡아주기를, 만져주기를, 안아주기를, 찾아 발견해주기를 바랍니다. 붙잡기는 문자 그대로 몸으로 느끼는 만남입니다. 아이는 그것을 통해 세상으로 들어갑니다. 누워서나 기어서는 만질 수 없는 사물을 붙잡고 싶은 호기심을 원동력으로 일어섭니다.

네 번째 만남은 앞에서 살펴본 '밀기'입니다. 아이는 누군가를 밀거나 반대로 밀쳐지는 순간을 좋아합니다. 물론 존중이라는 기반 위에서만입니다. 하지만 안타깝게도 아이는 그 소망이 이루어지지 못했을 때가 돼서야 자신의 욕망을 깨닫게 됩니다. 밀기가 중요한 이유는 아이가 밀고 밀리면서 자신과 상대의 힘을 느끼기 때문입니다. 상호작용을 통해 에너지가 방출되고 다시 쌓이는 순환이 이루어집니다.

다섯 번째 만남도 앞서 살펴보았던 바로 그 '기대기'입니다. 몸을 기대면 긴장이 풀리고 안심이 됩니다. 사랑이 느껴져 마음이 든든합니다. 반대로 기댈 수 없으면 버틸 곳이 없어 마음이 불안합니다.

이 다섯 가지 만남은 아이에게 꼭 필요한 실존의 경험입니다. 또 아이와 좋은 관계를 맺고 행복하게 살아가기 위해 어른들에게도 꼭 필요한 경험입니다.

붙잡기

세상을 손안에 쥐어보는 일

꼬마 레나의 생일이다. 레나가 선물을 풀어본다. 인형이다. 형광 분홍 인형. 레나가 활짝 웃으며 인형을 집어든다. 인형을 꼭 끌어안고 사흘 동안 놓지 않는다. 방수가 아니어서 목욕할 때는 들고 들어갈 수 없다. 하지만 평소엔 항상 들고 다닌다. 낮이나 밤이나, 손에 쥐거나 팔에 껴안고서.

테킴은 일곱 살이다. 아이는 모든 것을 만진다. 언제 어디서나 새로운 공간에만 들어가면 이리저리 둘러보며 책상, 의자, 커튼, 바닥, 컵, 책 등 손에 닿는 모든 것을 만져본다. 공간 탐색이 끝나면 사람에게로 관심을 돌린다. 그래야 안심이 된다. 아이는 주변 물건을 한번씩 만져봐야 자신이 진짜로 그 공간에 있다고 느끼는 것이다. 손 닿는 곳에 있는 모든 것을 만지면 왕국이 탄생한다. 아이가 머물며 움직일 수 있는 그 만의 왕국.

세피르는 배가 아프다. 배가 아파 엉엉 운다. 아빠가 아이를 들어 품에 안는다. 엄마가 와서 배를 만져준다. 세피르는 안정이 된다. 통증은 그대로지만 엄마의 손길이 위로가 된다.

아기는 엄마의 몸에 둘러싸인 채 세상으로 나옵니다. 엄마의 몸이 아기에게 닿고, 아기의 몸이 엄마에게 닿습니다. 태어나는 순간부터 아기는 세상을 만집니다. 그리고 누군가 만져주기를, 자신을 붙잡아주기를 바랍니다. 접촉에는 두 가지가 있습니다. 바로, 쥐고 누르고 쓰다듬는 신체 접촉과 영혼이 만나는 정서 접촉입니다.

붙잡는 것, 손으로 쥐는 접촉은 몸으로 느끼는 만남입니다. 아이가 타인 및 세상과 상호작용하는 기본 방식 중 하나이지요. 아이에겐 접촉이 필요합니다. 부드럽게 만지고, 힘을 줘 세게 붙잡고, 찰싹 때리거나 꽉 쥐는 등, 아이의 의지와 경계를 존중하고 인정하는 접촉이라면 무엇이든 다 좋습니다.

아이는 세상을 쥘 수 있어야 파악할 수 있습니다. 불안할 때 아이는 세상을 만지려고 합니다. 접촉은 가깝거나 먼 세상을 아이와 이어주는 다리입니다. 세상을 이해하려는 노력을 '파악把握'이라 부르는 것도 그런 이유 때문입니다. 파악에는 두 가지 뜻이 있습니다. '어떤 대상의 내용이나 성질을 충분히 이해하여 확실하게 앎', 그리고 '손으로 잡아 쥠.' 그렇기에 손으로 쥘 수 없는 사람은 세상을 이해할 수도 없습니다.

"잡으면 기분이 이상해요."

"내려놔! 더러워!" 에르칸이 공원에서 나뭇가지와 돌을 집어 들자 누나가 소리칩니다. 에르칸은 누나 말을 듣지 않습니다. 아이는 만지고 싶고 붙잡고 싶습니다. 돌과 나뭇가지가 어떤 느낌인지 그 촉감을 느껴보고 싶습니다. 아이는 이런 쓰레기를 좋아합니다. 땅에 떨어진 걸 주워 만지작거리며 그게 무엇인지를 파악합니다. 어차피 손은 나중에 씻으면 되니까요.

아이가 만지지 못하고 붙잡지 못하게 하는 건 생활 세계의 탐구와 탐험을 막는 일입니다. 물론 선을 그어줘야 하고 때로는 경고도 필요합니다. 가령 손을 데거나 벨 수 있는 위험한 물건은 못 만지게 말려야 합니다. 하지만 그렇지 않다면 놓아줘야 합니다. 만지고픈 충동은 적극 지지할 만한 행동입니다.

소피는 점잖은 집안의 딸입니다. 소피네 집 어른들은 절대 스킨십을 하지 않습니다. 적어도 남들이 볼 때는 그렇습니다. 엄마 아빠는 소피와 남동생에게도 꼭 필요할 때가 아니면 스킨십을 자제합니다. 왜 그러냐고 누가 물어보면 이렇게 대답합니다. "우리 집안은 스킨십을 안 해요." 그래서 소피와 남동생은 외로움을 많이 탑니다. 접촉으로 타인을 느낄 수 없으면 자신도 느끼지 못합니다. 소피는 열여섯이 되던 해 거식증을 앓았습니다. 음식을 거부함으로써 자신의 몸을 느끼고 통제하려 했고, 자신의 몸을 소유하려 했습니다. 그것이 많은 이들을 불행으로 이끈 그릇된 방법임에도 말입니다.

울리는 열네 살입니다. 엄마 아빠가 만지거나 포옹을 하면 저항하지는 않지만 다람쥐처럼 재빠르게 품에서 빠져나갑니다. 어릴 적엔 축구를 했는데 코치 선생님 말대로 밀착 방어를 싫어해 자꾸만 몸을 피했습니다. 결국 아이는 축구를 관두고 헬스장에서 혼자 운동을 합니다.

"잡으면 기분이 이상해요." 왜 그러냐고 물어보면 아이는 이렇게 대답합니다. 아빠도 같은 생각입니다. "저는 스킨십을 좋아해서 울리를 자주 끌어안는데요. 그럴 때마다 아이가 피해서 좀 당황스러워요."

울리는 일곱 살 되던 해 이 가정에 입양되었습니다. 친부모와 살 때 아빠에게 많이 맞았다고 합니다. 그러니까 아이에게 접촉은 폭력의 기억인 동시에 그 폭력의 경험을 대체할 대안이기도 합니다. 그래서 스킨십이 좋으면서도 당혹스럽습니다. 아이의 말과 아빠의 느낌처럼 '기분이 이상'합니다. 울리는 몸을 피하는 행동으로 접촉의 그 상반되는 마음을 알립니다. 그것이 울리의 지혜인 셈입니다.

아이의 숨은 지혜

어린 시절 어떤 접촉이 좋았는지 기억해보세요. 어떤 접촉이 필요했을까요?

붙잡히기

"나 잡아봐라"의 즐거움

"나 잡아봐라. 나 잡아봐라!" 슈테피가 달아나면서 소리친다. 지그재그로 달리면서, 자신을 잡으려 쫓는 콘야의 손을 요리조리 피한다. 하지만 곧 콘야가 슈테피를 붙잡는다. 둘은 헐떡대며 웃다가 서로를 끌어안는다. 이제는 콘야가 달아날 차례다. 슈테피가 뒤를 쫓아간다.

슈테피는 어릴 적부터 이 놀이를 좋아했다. 오빠나 엄마 아빠가 잡겠다고 달려오면 좋아서 까르르 웃음을 터트렸다. 엄마나 아빠가 슈테피를 붙잡아서 간지럼을 태우면 아이는 세상에서 제일 행복한 표정이 된다.

아이는 세상을 붙잡고 세상에 붙잡히고 싶어 합니다. 붙잡고 붙잡히는 놀이는 원초적인 신체 운동이자, 몸으로 느끼는 만남

입니다. 아이는 누군가에게 붙잡힘으로써 자신을 느낍니다. 하지만 붙잡히는 경험은 거기서 그치지 않습니다. 어른은 아이를 붙잡으려 하면서 무언의 메시지를 전달합니다. '난 널 붙잡고 싶어. 네가 중요하니까, 널 되찾고 싶고 움켜쥐고 싶어.' 따라서 "나 잡아봐라"라는 외침은 자신을 붙잡아달라는 아이의 요구입니다. 붙잡히고 싶은 아이는 그 외침을 통해 붙잡으려는 사람의 관심을 확인합니다. 아이는 어른의 애정 어린 관심을 말로도, 몸으로도 느끼고 싶어 합니다.

자신을 잡아보라는 아이의 외침을 묵살하는 어른은 반대 메시지를 전합니다. '난 너한테 관심 없어. 넌 쫓아가 찾을 만한 가치가 없어.' 아무도 붙잡아주지 않는 아이는 텅 빈 관계를, 무시와 무관심을 느낍니다. 그 마음은 아이에게 나쁜 영향을 남기죠.

"나를 붙잡아주세요."

아이들과 같이 연극을 한 적이 있습니다. 대본부터 함께 쓰면서 일부러 몸동작을 많이 넣었습니다. 우리는 함께 연습하고 리허설을 하고 대본을 수정하며 매 순간 즐거움에 깔깔 웃었습니다.

스타브로스는 키가 작은 남자아이입니다. 아이는 신나게 연습을 하다가, 아무런 이유도 없이 갑자기 큰 소리로 이렇게 외칩니다. "나 간다. 안녕." 그러고는 문으로 걸어갑니다. 뒤를 쫓아가면 일부러 천천히 걷습니다. 문을 나가려는 찰나 아이를 붙잡으면 아이는 싫은 척 내 손을 뿌리치고, 우리는 잠시 문에 서서 밀치락달치락합니다. 그것이 이젠 하나의 의례가 되었습니다. 스타브로스가 연극 연습을 하다 말고 작별 인사를 하고, 내가 아이를 붙잡고, 우리는 잠시 옥신각신 실랑이를 벌입니다.

아이가 머물러도 좋다고 확신하기 위해선 신체 접촉이 필요합니다. 스타브로스가 "세상에서 제일 멋진 사람"이라고 자랑하며 그리워하는 아빠는 감옥에 있습니다. 엄마는 오래전 아이 곁을 떠났습니다. 스타브로스의 도망은 자기를 쫓아와서 붙잡아 달라는 나를 향한 도발입니다. 그렇게 아이는 내가 그를 좋아하고 곁에 두고 싶어 한다는 사실을 확인하려고 합니다.

아이의 도망은 그동안 그가 얼마나 많은 사람을 잃었는지, 얼마나 많은 사람이 곁을 떠났는지를 말해줍니다. 아이는 도망침으로써 자신이 필요한 존재이며 머물러도 괜찮다는 사실을 확인받고 싶은 것입니다.

아이의 숨은 지혜

아이를 붙잡아보세요. 아이의 나이, 힘, 성격에 맞게 힘을 조절해 잡기놀이를 해보세요. 서로 만지고 손길을 느껴보세요. 접촉은 두 가지를 의미합니다. 몸의 접촉과 마음의 접촉, 둘 다 참 중요하지요.

긴장을 풀고 부담을 덜어주세요

아이는 부담이 큽니다. 얼른 자라 어른이 되려면 배우고 배우고 또 배워야 합니다. 이것도 할 수 있어야 하고 저것도 할 수 있어야 하고, 계속되는 새로운 상황에 대처할 줄도 알아야 합니다. 그래서 부담스럽습니다. 실수를 하면 앞으로는 실수하지 않고 제대로 해야 한다는 부담감을 느낍니다. 공부를 잘해야 하고 바르게 행동해야 합니다. 독립적이되 개인주의적이어서는 안 됩니다. 똑똑하되 잘난 척해서는 안 됩니다. 부모와 사이좋게 지내되 지나치게 매달려서는 안 됩니다. 이렇듯 아이의 일상은 부담의 연속입니다.

거기에 부모의 부담이 추가됩니다. 엄마 아빠는 화목한 가정을 꾸려야 하고 돈도 많이 벌어야 합니다. 부모가 그런 부담감을 굳이 말로 표현하지 않는다 해도 아이는 집안 분위기에서 다 느낍니다. 부모의 부담은 아이에게 부담을 줍니다. 부담은 아이에게 오랫동안 심각한 영향을 미칩니다. 아이는 체념하고 절망하며, 수동적으로 행동하고 만성 불안에 시달립니다. 따라서 어른인 우리가 부담을 줄일 수 있다면 가장 좋습니다. 아이의 부담도, 우리 자신의 부담도 최대한 줄여봅시다.

또 하나, 앞에서도 이미 말했듯 부담이 느껴지면 밀어보세요. 힘껏 밀면 긴장이 풀리고 부담이 사라진답니다.

금기

집안의 침묵이라는 블랙홀

이나와 엄마가 할머니 댁에 간다. 집에서 몇 분 안 걸리지만 거긴 딴 세상이다. 다른 가구, 다른 분위기…… 모든 것이 다르다. 이나는 구석에 앉아 책을 읽는다. 혹은 색연필 몇 자루와 종이를 가져와서 혼자 그림을 그린다. 할머니가 다가와서 종이를 가만히 들여다보다가 묻는다. "뭐 그려?" 이나는 대답한다. "몰라요. 그냥 아무거나."

할머니는 손녀의 시큰둥한 반응에 실망해서 소파로 돌아간다. 잠시 후 엄마가 묻는다. "왜, 어디 아프니? 기분 안 좋아?" 이나는 엄마의 눈길을 피하며 어깨만 들썩인다. "아뇨." 집으로 돌아온 이나가 조용하다. 평소엔 하루 종일 신이 나서 재잘대던 아이가 아무 말이 없다.

20년 후 이나는 남편에게 말한다. "할머니하고만 있으면 기분이 이상했어. 할머니는 좋은데 그 집 분위기가 뭔가 묘했거든. 뭔지는 모르겠지만 이상한 기운이 감돌았어. 맞아, 그랬어. 근데 그게 뭔지는 모르겠어. 할머니 댁에 가고 싶으면서도 가기가 싫었거든. 참 이상하지."

다시 10년 후 할머니가 돌아가시자 이나는 책 한 권을 물려받는다. 책 안에 사진이 몇 장 들어 있다. 근엄하게 생긴 위풍당당한 남자가 제복을 입고 있는 사진이다. 한 번도 본 적 없는 사람이라 엄마에게 누구냐고 묻는다. 놀랍게도 그분은 할머니의 오빠였다. 참전하여 끔찍한 일을 겪었는지 제대 후 알코올 중독에 빠졌고 결국 자살했다고 한다. 그 일은 입에 올려서는 안 되는 가족의 금기였다. 어렸지만 이나는 그것을 몸으로 느꼈던 것이다.

입에 올려서는 안 되는 금기는 집안 분위기에 영향을 줍니다. 특히 호기심이 많고 감각이 예민한 어린아이는 뭔가 수상한 것이 있음을 느끼지만 그게 뭔지는 알지 못합니다. 금기는 사람과 사람 사이를 가로막습니다. 보이지 않는 벽처럼 아이와 어른을 막아섭니다. 그것이 분위기를 좌우하고 아이의 마음 상태를 결정합니다. 그래서 많은 아이가 이나처럼 중압감에 뒷걸음질을 칩니다. 거꾸로 반항하거나 공격적으로 변하는 아이도 있습니다.

금기는 보이지 않고 얘기하지 않는다고 해서 '아무것도 아닌 것'이 되지 않습니다. 어른들은 금기를 세상에 존재하지 않던 것처럼, 공백으로 취급하려는지 모르지만, 금기는 거대한 힘으로 사람을 끌어당기는 블랙홀과도 같습니다. 블랙홀이 다른 별을 끌어당겨 삼키는 우주의 일부인 것처럼 집안의 금기도 에너지를, 특히 아이들의 에너지를 쭈욱 빨아들입니다.

늘 전쟁 그림만 그리는 아이

안나의 가정은 언제 깨질지 몰라 늘 위태위태했습니다. 부모님은 자주 싸웠으면서도 아이가 보는 앞에선 안 그런 척했습니다. 갈등의 기미가 밖으로는 전혀 새 나가지 않게 연기했습니다. 부담을 주기 싫었고 부부 싸움에 아이를 끌어들이고 싶지 않았기 때문입니다. 하지만 아이가 모를 것이라던 부부의 생각은 착각이었습니다. 부모가 뭔가 숨기는 것 같으면 아이는 안테나를 길게 뻗어 이해되지 않는 일, 들어서는 안 될 말에 특히 더 촉각을 곤두세웁니다.

안나도 그랬습니다. 싸울 조짐이 있으면 안나가 부모님보다 먼저 알았습니다. 정확히 뭘 느끼는지는 몰라도 지진이 일어나기 직전 땅속의 울림처럼 무언가를 들었습니다. 아이가 그린 그림에선 사람들이 싸우고 싸우고 또 싸웁니다. 칼과 방패를 들고

총과 대포를 쏘면서. 아이는 늘 전쟁 그림만 그렸습니다. 가정의 싸움이 눈에 보이지는 않았지만, 고도로 예민한 아이가 그것을 몸으로 느꼈고 아이다운 방식으로, 자신의 지혜로 불안을 표현한 것이죠.

결국 냉전이 종식되고 부모님이 이혼하자 안나는 안도의 한숨을 내쉽니다. 안나가 표출한 지혜를 아무도 이해하지 못했습니다. 안타깝게도.

아이의 숨은 지혜

가정에 갈등이나 금기가 생기면 아이에게도 말해주세요. 시시콜콜 다 이야기할 필요는 없겠지만 안 좋은 일이 있다는 것을 아이에게도 알려주고, 그 책임이 아이가 아니라 어른들에게 있다는 것을 말해줘야 합니다.

억압

나보다 부모를 보호하려는 안간힘

옌스가 넘어진다. 무릎이 까지고 왼쪽 팔꿈치가 긁힌다. 옌스는 아파서 아주 잠깐 얼굴을 일그러뜨리더니 금세 엄마를 향해 미소를 지으며 말한다. "안 아파요." 옌스는 여섯 살이고, 자기에게 무슨 일이 생기면 엄마가 무척 흥분한다는 사실을 안다. 그래서 엄마를 안심시키려고 괜찮다고 한다.

이본이 자전거를 타고 친구 집에 간다. 그런데 그만 도중에 넘어지고 만다. 자전거 핸들이 살짝 찌그러졌다. 혼자 자전거를 타고 밖에 나갔다는 사실을 부모님이 알면 걱정하실 것이다. 아이는 부모님의 걱정을 덜어주고 싶어서 찌그러진 핸들을 보고 이유를 묻는 부모님께 모르쇠로 발뺌한다. "왜 그렇지? 나도 몰라요. 아니에요. 안 넘어졌어요."

안네는 학교에서 야외 학습을 간다. 이번에는 특별한 장소로 간다. 학부모 위원회는 입장료와 기타 경비로 학생당 15유로를 걷기로 결정한다.

안네는 자기 집이 가난하다는 걸 안다. 엄마는 "먹고 죽을 돈도 없다"라고 입버릇처럼 말한다. 아빠가 실직했기 때문이다. 안네는 담임 선생님께 몇 번이나 까먹고 돈을 안 가져왔다고 말한다. 그러다가 출발 하루 전에 아이는 배가 아프다며 결석한다. 덕분에 야외 학습에 빠질 수 있었다. 안네는 부모님을 보호하고 싶다. 자식의 야외 학습 비용도 못 낼 처지라면 얼마나 속이 상하겠는가? 또 야외 학습 말고도 돈 들어갈 곳이 한두 군데가 아니다. 그 돈을 더 절실한 곳에 쓸 수 있을 것이다.

아르네는 아빠가 집을 나가서 슬프다. 너무 슬프다. 하지만 엄마가 슬픔에 빠져 있어 자기는 안 그런 척한다. 이제 집안에 남자는 아르네뿐이다. 엄마는 아르네가 잠이 들어 모를 거라 생각하며 밤마다 잠자리에 누워 운다. 하지만 아르네는 그 울음소리를 다 듣는다. 그래서 아이는 용감한 척 자기 마음을 숨긴다. 엄마를 사랑하기에 엄마를 보호하고 싶다.

앞에서 보았듯 아이는 부모를 보호하려 합니다. 이유는 두 가지입니다. 첫째, 아이는 부모를 사랑합니다. 언제나, 너무너무 사랑합니다. 그 사랑을 보여줄 수 없을 때도 있지만, 그보다는 우리가 아이가 보내는 사랑의 신호를 못 보고 지나칠 때가 더 많습니다. 아이는 부모를 사랑하기에 부모가 행복하기를 바랍니다. 그래서 부모를 흥분시킬 수 있거나 괴롭힐 수 있는 일을 숨깁니다.

둘째, 아이는 우리가 생각하는 이상으로 책임감을 느낍니다. 특히 부담이 너무 심해 어찌할 바를 모르겠는 일이 일어났을 때 책임감을 느끼고 자기 혼자서 '정리'를 하려고 애씁니다. 그러니까 위에서 소개한 식의 보호 행동에는 그런 의미가 담겨 있을 때가 많습니다.

"뭐가 힘든지 말해줄래?"

엄마가 슬퍼할까 봐 자신의 슬픔을 숨기는 아르네는 혼자서 그 슬픔을 안고 살아갑니다. 엄마 앞에선 용감한 사나이인 척하고 아르네 자신도 그렇다고 느낍니다. 하지만 아무리 용감한 척해도 슬픔은 사라지지 않습니다. 슬픔을 억압하고 숨기는 일은 힘이 듭니다. 감정을 숨기는 사람은 자신의 모든 감정에 검은 베일을 씌웁니다. 아르네도 그렇습니다. 명랑하고 쾌활하던 아이는 말을 잃고 조용히 입을 다뭅니다. 결국 엄마가 걱정을 할 지경에 이릅니다. 아르네를 걱정하는 엄마의 마음은 엄마를 걱정하는 아르네의 마음과 같습니다. 아르네는 말로 표현할 수 없는 자신의 감정을 엄마의 마음에 불러일으켰습니다. 이 또한 아이의 지혜입니다.

변화의 물꼬는 엄마와 아들이 더 이상 감정을 숨기지 않고 솔직히 털어놓을 때 비로소 열립니다. 엄마가 모범이 되어야 합니다. 원하건 원하지 않건 어른이 모범이니까요. 엄마는 슬픔을 보여 아들에게 부담을 주고 싶지 않았습니다. 아들은 슬픔으로 엄마에게 부담을 주고 싶지 않았습니다. 그 결과 두 사람 다 감정이 점차 메말랐고 사람을 피하고 외로워졌습니다.

상대를 너무 보호하다 보면 자신을 보호하지 못합니다. 무엇보다 아픔으로부터 자신을 지키지 못합니다. 하지만 감정을 나누면 달라집니다.

아이의 숨은 지혜

아이와 감정을 나누세요. 느끼는 감정을 오조리 그대로 전하라는 말이 아닙니다. 억지로 숨기지 말라는 말이죠. 우리 어른들이 먼저 모범을 보여 감정을 표현하고 나누어야 합니다. 기쁨은 나누면 배가 되고 슬픔은 나누면 반으로 준다고 하잖아요. 아이도 그렇답니다.

변화

친숙한 존재가 사라졌을 때

아르민이 상을 차린다. 할머니가 오셔서 거든다. 하지만 할머니는 자꾸 틀린다. 누나의 접시는 이쪽에 놔야 하는데 자꾸 다른 쪽에 놓는다. 모든 것이 질서 있게 제자리에 있어야 한다. 늘 그렇듯 친숙해야 한다.

인가는 어린이집에 다닌다. 오늘은 선생님이 아파서 결근했다. 다른 반 선생님이 대신해서 인가의 반 아이들을 보살핀다. 점심 시간이 끝나자 선생님은 아이들에게 밖에 나가서 놀자고 말한다. 한 아이가 화를 낸다. "우린 밥 먹고 나면 노래 불러요." 인가의 반은 점심을 먹고 나면 항상 함께 노래를 불렀다. 아이들에겐 식사 후 합창이 의례가 되었다. 그래서 밖으로 나가자는 선생님에게 화를 내며 노래를 부르자고 한다.

울라프의 아빠는 식탁에 온 가족이 모이면 신이 난다. 식사를 시작하기 전에 박수를 치면서 이렇게 말한다. "잘 먹겠습니다." 어느 날 꼬마 울라프가 식사를 시작하기 전에 박수를 치면서 알아듣지 못할 말을 중얼거린다. 보아하니 "잘 먹겠습니다"라고 하려는 것 같다. 그러고는 아빠를 쳐다보며 환하게 웃는다.

생활 세계는 아이가 경험하는 세계입니다. 아이가 날마다의 생활을 통해 익숙해지는 세계입니다. 따라서 신생아의 생활 세계는 아직 매우 조그맣습니다. 냄새, 엄마 아빠, 혹은 형제들과의 신체 접촉, 침대, 빛, 집 앞 도로에서 들려오는 자동차 소리…… 아이는 아직 안과 밖의 경계를 알지 못하기에 세상이 전부 내 것이라 느낍니다.

아이에겐 이런 경험이 점점 친숙해지고 당연해집니다. 엄마가 아이에게 다가갈 때 왼쪽에서 자주 접근한다면 며칠 못 가 아이는 배가 고프거나 심심할 때마다 왼쪽을 쳐다볼 겁니다. 경험한 것이 친숙해져서 아이의 집이 되는 겁니다.

이 모든 경험이 아이의 집을 이룹니다. 그런 경험을 할 때 아이는 집에 온 듯 편안함을 느낍니다. 그래서 수많은 경험의 측면들이 친숙해져서 당연한 '집'처럼 되는 이런 과정을 우리는 '입주'

라 부릅니다. 아이가 늘 하던 대로 밥상을 차리고 노래를 부르는 건 규칙에 집착하기 때문이 아닙니다. 그렇게 하는 것이 아이에게 안정감을 주기 때문입니다.

아이는 이런 절차, 경험, 체험에서 편안함을 느낍니다. '입주'는 아이가 안정감과 편안함을 얻는 과정입니다. 따라서 아이는 의례를 좋아합니다. 아이가 같은 이야기를 계속해서 또 읽어 달라고 조르는 이유도 같습니다. 아이에게 세상은 늘 새롭고 예측할 수 없는 곳입니다. 그렇기에 더더욱 친숙하고 당연한 공간이 중요합니다.

"아줌마는 엄마가 아니잖아요!"

라라의 엄마가 멀리 떠났습니다. 벌써 1년 전 일입니다. 먼 시골로 내려가버려 거의 만나지 못합니다. 라라는 처음에는 너무 혼란스러웠고 화도 났습니다. 하지만 이제는 아빠와 동생과 셋이 사는 생활에 많이 적응했습니다.

그런데 몇 달 전 아빠에게 새 여자친구가 생겼습니다. 처음에는 라라도 싹싹한 아줌마가 좋았습니다. 하지만 그녀가 아빠와 결혼을 하고 집으로 들어와 함께 살면서 모든 것이 엉망진창이 되어버렸습니다.

새엄마는 온통 다 엉터리입니다. 라라는 새엄마에게 투덜대고 짜증을 부리고 말대답을 하고 가끔은 울기도 합니다. 무엇보다도 화가 나서 견딜 수가 없습니다. 새엄마도 어찌할 바를 모릅니다. 뭘 해도 다 자기가 잘못한 것만 같습니다. 새엄마는 라라의 친엄마와 경쟁하고 싶지 않습니다. 하지만 아무리 노력해도 자신은 좋은 엄마가 될 수 없을 것만 같습니다. 새엄마는 절망에 빠져 힘들어 합니다.

여기서도 아이의 지혜가 고개를 내밉니다.

라라는 어찌할 바를 모릅니다. 갑자기 아줌마가 나타나 엄마의 자리를 차지해버린 이 상황이 너무나 부담스럽습니다. 엄마의 빈자리에 겨우 익숙해졌는데 갑자기 다른 사람이 나타나 그 자리를 차지하려 하니, 당혹스럽기만 합니다.

새엄마도 당혹스럽기는 마찬가지입니다. 라라와 친해지려고 아무리 노력해도 번번이 허사로 돌아가니 절망을 느낄 수밖에요. 라라는 자신이 느끼는 당혹감과 절망감을 새엄마도 똑같이 느끼도록 만듭니다. 그렇게 새엄마에게 자신의 감정을 고스란히 전달하고 알리는 것입니다.

아빠도 나서서 새엄마와 라라의 사이가 좋아지도록 애를 쓰지만 별 소용이 없습니다. 어느 날 아빠가 라라와 단둘이서 하룻밤 묵고 올 예정으로 여행을 떠납니다. 여기저기 재밌게 돌아다니다가 저녁을 먹는데 갑자기 라라가 울음을 터트립니다. 라라는 엉엉 울면서 그동안 속에 감춰온 말을 털어놓습니다. "달라지는 게 싫다"라고.

그렇습니다. 새엄마는 엄마와 다릅니다. 하는 것마다 다릅니다. 엄마와 다른 잼을 사고 다른 빵을 삽니다. 풍기는 냄새도 다르고 상차림도 다릅니다. 친숙하던 것, 당연하던 것이 이제 다 사라져버렸습니다. 아이는 온통 달라진 것들을 통해 친숙함의 부재를 깨닫습니다. 엄마의 자리가 비었을 때보다 훨씬 더 강렬하게 말이죠.

당연한 것이 변하는 데에는 시간과 인내가 필요합니다. 영향력이 큰 변화일수록 더욱 그렇습니다. 익숙하던 습관과 당연하던 것들을 포기하려면 우선 내려놓아야 합니다. 그리고 그 과정엔 슬픔이 동반합니다. 따라서 아빠가 먼저 라라가 울 수 있는 조건을 마련해, 아이의 슬픔이 자리를 찾을 수 있도록 도와줬더라면 더 좋았을 겁니다.

슬픔을 통해 라라와 새엄마는 서서히 서로를 이해할 길을 찾습니다. 새엄마는 라라가 억지를 부리고 반항해 자신의 노력이 실패로 돌아가 슬프다고 솔직하게 알립니다.

"그래, 네 마음을 이해해. 엄마가 돌아왔으면 좋겠지. 엄마가 아니라 내가 여기 있어 슬프고 화가 나겠지. 그렇지만 나는 네 엄마가 아니야. 네 엄마랑 다른 사람이고 억지로 네 엄마처럼 살고 싶지도 않아. 그러니까 우리 조금만 시간을 두고 서로에게 익숙해져 보자. 나도 노력할 테니까 너도 노력해줬으면 좋겠어."

아이의 숨은 지혜

친숙한 것을 찾는 아이의 마음을 헤아려주세요. 아이는 의례를 좋아합니다. 변화로 인해 아이가 슬퍼한다면 그 슬픔을 인정하고 지지해주세요. 그래야 아이가 다시 변화에 익숙해질 수 있는 길이 열리니까요.

무력감

보이지 않는 벽 앞에서

얀은 파울이랑 제일 친하다. 아니, 정확하게 말하면 친했다. 파울이 요즘 모니카랑 노느라고 얀을 모른 척하기 때문이다. 파울은 얀을 없는 사람 취급한다. 얀이 같이 놀자고 하면 "짜증나!"라는 대답만 돌아온다.

얀은 배신감에 치를 떤다. 더는 파울에게 다가가지 않는다. 대신 벽으로 자신을 둘러싼다. 아무렇지 않다고 생각해 보지만 마음은 그렇지 않다. 하지만 말하고 싶지 않다. 창피하다. 그래서 아이는 눈에 보이지 않는 성벽으로 자신을 두른 채 혼자의 세계로 빠져든다.

엠마는 사는 게 너무 힘들다. 사람들은 열세 살 사춘기 소녀가 다 컸다고 생각하지만 엠마는 아직 많은 게 서투르다.

모두가 그녀에게 기대를 건다. 심지어 엠마도 자신에게 기대를 건다. 그런데 자꾸만 그 기대가 어긋난다. 그래서 엠마는 보이지 않는 벽을 두르고 아무하고도 말을 하지 않는다. 도무지 감정을 남과 나눌 수가 없다.

엄마는 엠마하고 이야기를 해보려고 무진 애를 쓴다. 아빠도 이야기를 해보려 한다. 요즘 연애하느라 바쁜 언니도 가끔 엠마에게 말을 붙여본다. 하지만 엠마는 아무하고도 마음을 나누지 않는다.

아동·청소년이 마음의 문을 걸어 잠그는 이유는 다양합니다. 불안, 과도한 부담, 질투, 슬픔…… 그 모든 게 마음의 벽을 두르는 계기가 될 수 있습니다. 내 경험으로 미루어보면 마음의 벽에는 속수무책의 심정이 한몫을 차지합니다. 아이가 어찌할 바를 모르는 겁니다. 이럴 땐 분명 도움이 필요하지만 벽을 쌓는 아이는 그 속수무책의 심정을 겉으로 드러내지 않습니다. 자신이 창피해 어떻게든 혼자서 해결하려 하기 때문입니다.

바로 이런 모순이 문제입니다. 마음의 빗장을 거는 아이는 도움이 필요하지만 차마 그 사실을 알리지 못하고, 또 설사 도움의 손길이 다가온다 해도 선뜻 손을 맞잡지 못합니다.

지나칠 정도로 강렬한 감정이나 사춘기의 예민함이 그런 과도

한 부담의 계기가 될 때가 많습니다. 사춘기가 되면 더 이상 아이가 아니지만 그렇다고 어른도 아닙니다. 여기도 저기도 끼지 못하는데 변화는 많습니다. 생물학적으로도 심적으로도 많은 것이 달라지고 사회관계와 소통 방식도 뒤죽박죽이 됩니다. 부모님과 학교, 세상 모두가 이런저런 요구를 해대지만 아이는 그 요구를 충족시키지 못합니다.

아이는 부담에 겨워 어찌할 바를 모르고 결국 마음의 빗장을 겁니다. 그동안은 너무도 당연하게 생각했던 것들이 더는 당연하지가 않습니다. 이제껏 한 번도 경험한 적 없는 새로운 규칙도 등장합니다. 따라서 아이는 정체성을 새롭게 정립해야 하는 시기에 창피함과 수치심이 앞섭니다. 아이가 마음의 문을 꽁꽁 걸어 잠그는 또 하나의 이유입니다.

이 사실을 이해하는 것이 중요합니다. 꼰대 같은 충고나 폭력적인 대응은 오히려 더 마음의 문을 닫게 만듭니다.

"뭘 어떻게 해야 할지 모르겠어요."

엠마나 얀처럼 마음의 문을 걸어 잠근 아이들은 자신도 고통스럽습니다. 부모의 반응과 달리 어찌할 방도가 없는 막막함 때문에 괴롭습니다. 하지만 아이는 이런 고통을 드러내려 하지 않고 또 그럴 수도 없습니다. 그러므로 아이도 고통을 받고 있다는 사실을 아는 것이 중요합니다. 그 사실을 알고 나면 어른들은 대부분 아이를 도와 고통을 덜어주려 합니다.

거기까지는 좋습니다. 하지만 때론 어른들도 어찌할 바를 모르기도 합니다. 아이가 걸어 잠근 문 앞에서 어찌할 바를 모르는 어른의 심정은 아이가 느끼는 막막한 심정과 같습니다. 아이의 지혜가 또 발동한 겁니다. 아이는 우리 마음에 속수무책의 심정을, 때에 따라서는 실망과 분노의 감정을 불러일으켜 자신의 기분과 상태를 알립니다.

아이가 두른 마음의 벽은 과도한 부담으로부터 보호받고 싶다는 간절한 바람의 표현입니다. 또 이것은 외부로부터 가해질 수 있는 새로운 상처를 피하는 방법인 동시에 주변의 기대로 인한 중압감을 피하려는 방책이기도 합니다.

어떻게 해야 할까요? 무엇보다 어찌할 바를 모르는 아이의 마음을 이해해야 합니다. 보호받고 싶은 아이의 바람을 알아차리고 마음의 벽을 잠시 쉬고 싶다는 타임아웃의 신호로 해석해야 합니다. 도움을 거부해 도움받지 못하는 아이를 도와주기란 쉬운 일이 아니고 인내가 필요합니다. 화를 내고 채근을 해봤자 아이의 부담만 더 커집니다. 어쩌면 우리의 황망한 심정을 솔직히 털어놓는 게 도움이 될지도 모르겠습니다.

"말하고 싶지 않고 도움도 원치 않는 네 심정을 나도 알아. 이해하고 인정해. 도움이 필요하거든, 대화가 하고 싶거든 언제든지 말해. 나도 어찌해야 할지 잘은 모르겠지만 최선을 다해 도와줄게. 사랑해."

아이의 숨은 지혜

두 가지 중요한 힌트. 1 자꾸 요구하거나 채근하지 말고 아이의 부담을 줄여주세요. 2 "예전에 내가 저랬을 때 뭐가 필요했지?" 한번 떠올려보세요.

"괜찮아"라고 애써 꾸미지 마세요

"괜찮아."

아이가 울거나 아프다고 하면 부모가 달랩니다. 하지만 아이는 괜찮지가 않습니다. 부모는 괜찮다는 말로 상황을 미화해 아이의 아픔을 덜어주려 합니다. 하지만 정작 아이가 필요한 건 다릅니다. 아이는 아픔을 아픔으로 인정하고 슬픔을 슬픔으로 받아들이기를 바랍니다. 아이는 괜찮지가 않기 때문입니다. 그러니 아이에게 이렇게 말해줍시다. "저런, 아프겠구나. 정말 슬프겠다." 위로는 그다음입니다. 아이와 슬픔을 공유한 후 기분을 풀 수 있는 다른 주제로 넘어가야 합니다.

아픔을 덜려면 먼저 아픔을 인정해야 합니다. 아이는 자신의 아픔을 어른과 나누기를 바랍니다. 아픔과 슬픔도 나누면 절반이 되니까요.

불안

다만 조심하라는 신호일 뿐

멜리는 잠을 이룰 수 없다. 누군가 방에 있는 것만 같아서 마음이 불안하다. 귀신일까? 나쁜 범죄자일까? 아이는 그림자를 본다. 살짝살짝 흔들리는 커튼 때문에 생긴 그림자다. 도로변 가로등 불빛이 멜리의 방으로 비쳐든다. 이 그림자가 왜 생기는지 모르니 멜리는 계속 무섭고 겁이 난다.

롤로는 내년에 학교에 간다. 지금 다니는 유치원은 정말 재미나는데 롤로만 친구들과 다른 학교로 가게 되었다. 롤로의 집이 유치원에서 멀기 때문이다. 학교에 가면 다 낯선 얼굴일 텐데 어쩌나 걱정이 된다. 형에게 물어봐도 형은 대답을 안 해준다. 하지만 롤로는 형이 자주 학교 선생님과 친구들 욕을 하는 걸 들었다.

알렉스는 초등학교 3학년이다. 반 아이들 앞에서 자신이 쓴 글을 발표해야 한다. 잘 아는 주제이고 글솜씨도 좋아서 발표만 잘하면 좋은 점수를 받을 것이다. 하지만 친구들 앞에 서서 글을 읽는다고 생각하니 더럭 겁이 난다. 너무 무섭고 불안하다. 아이는 결국 발표를 다른 친구에게 미룬다.

아이에게도 어른에게도 불안은 필요한 감정입니다. 그 목적은 보호지요. 생각 없이 모험에 뛰어들어 위험에 빠지지 않도록 막아줍니다. 불안은 조심하라는 가르침입니다. 따라서 무시하고 비웃거나 나쁜 것으로 낙인찍어서는 안 됩니다. 불안 역시 모든 감정이 그러하듯 필요와 의미가 있는 감정이니까요.

불안은 평생의 동반자입니다. 불안은 모든 아이와 인간이 갖는 기본 감정 중 하나입니다. 또 불안은 아이가 새로운 영역에 뛰어들어 도전하고 있다는 증거이기도 합니다. 아이는 불안해서, 불안해도 끊임없이 도전합니다. 물론 그럴 땐 든든하게 곁을 지키며 지지해주는 어른의 존재가 무엇보다 필요하겠지요.

멜리는 아직 너무 어리기 때문에 그림자를 그림자로만 보지 못하고 움직이는 나쁜 것으로 생각합니다. 그러다 보니 저게 뭐지? 저게 누구지? 하며 온갖 상상의 나래를 펼칩니다. 이런 아이에겐 설명과 도움이 필요합니다. 부모님이 멜리가 보는 앞에서 움직이는 커튼을 꽉 묶으면 그림자도 움직이지 않을 겁니다. 혹은 작은 스탠드를 켜거나 블라인드를 치면 그림자가 생기지 않을 테니 멜리도 안심하고 불안이 사라질 테지요.

롤로의 경우 닥쳐올 미지의 상황이 불안의 원인입니다. 형의 입을 통해 들은 나쁜 소문도 불안을 부추깁니다. 이럴 때 엄마 아빠가 입학식 전에 미리 아이를 학교에 데리고 가서 한 바퀴 둘러본다면 아이는 학교에 대한 구체적인 이미지를 그릴 수 있게 됩니다. 또 담임 선생님이 정해졌다면 미리 연락을 드려서 아이의 불안감에 대해 조언을 구하는 것도 유익합니다.

알렉스는 혼자 교실 앞으로 나가 친구들의 관심을 받는 것이 두렵습니다. 아이의 이런 심정은 불안과 창피함의 표현입니다. 정확한 이유는 알 수 없지만, 예전에 발표를 했다가 친구들 앞에서 창피를 당한 경험 때문일 수도 있습니다. 이럴 땐 미리 연습을 해보면 도움이 될 수 있습니다. 식구들 앞에서 먼저 한번 발표문을 읽어본다면 자신감이 붙어서 더 많은 친구들 앞에서도 당당하게 발표를 할 수 있을 겁니다.

구체적인 불안감은 아주 다양한 맥락에서 생겨납니다. 불안이라고 해서 다 같은 불안이 아닙니다. 따라서 아이의 불안을 개별적으로, 구체적으로 잘 살펴서 그에 맞는 다각도의 지원 방법을 찾는 것이 필요합니다.

"하나도 안 괜찮은데……."

아이의 경우 불안의 만성화는 아이의 인격으로까지 흘러들어 결국 인격을 좌우하게 될 수도 있습니다. 가령 멜리의 경우 그림자가 무섭다는 아이의 말을 부모님이 무시하면서 "괜찮아. 무섭기는 뭐가 무서워. 얼른 자"라는 말만 반복한다면 아이는 매일 밤 잠들기 전에 불안에 시달릴 것이고, 아이에게 불안은 평생 곁을 지키는 동반자가 되고 말 것입니다. 커튼이 그림자를 드리우지 않아도, 나아가 커튼이 없어져도 아이는 내내 불안에 떨게 됩니다.

롤로에게도 아이가 느끼는 불안이 아무것도 아닌 양 "괜찮아"라고 넘어가서는 안 됩니다. 엄마 아빠는 아이를 안심시키려는 뜻에서 그런 말을 할 테지만 아이의 입장에선 별것 아닌 일이 아니니까요. 아이는 어른들이 자신의 불안한 마음을 진지하게 생각해주기를 바랍니다. 그래야만 어른들의 도움도 선뜻 받아들일 수 있기 때문입니다.

부모가 불안이 심해서 아이가 그 불안에 전염되는 경우도 불안이 만성화되는 지름길입니다. 부모가 너무 불안에 떨다 보니 그 감정이 아이에게까지 뻗어 나가는 겁니다. 부모는 아이의 모델입니다. 아이가 느끼는 집안 분위기는 부모가 결정합니다. 따라서 어른들의 불안 역시 아이의 마음으로 스며들고 둥지를 틀어 아이에겐 불안을 느끼는 상태가 만성이 됩니다. 이럴 땐 아이보다 부모를 먼저 도와야 합니다. 부모가 불안을 떨쳐내야 아이도 그럴 수 있을 테니 말입니다.

요슈아는 겁이 많습니다. 불안하고 겁날 때가 많지만 부러 안 그런 척합니다. 아이는 사이클로 크로스 자전거를 자주 탑니다. 묘기를 선보여 관중의 박수갈채를 받은 적도 많습니다.

엄마는 다른 사람들처럼 요슈아가 겁이 없다고 생각합니다. 아이가 티를 안 낼 뿐이란 걸 모릅니다. 하지만 아이가 지나치게 묘기를 부린다는 느낌을 받고 뭔가 이상한 낌새를 눈치챕니다. 그래서 엄마는 아들 걱정이 많습니다. 저러다 사고라도 나면 어떡하나 늘 불안합니다. 아이 걱정은 날로 커집니다. 요슈아가 티 내지 않는 감정이 엄마에게서 나타납니다. 여기서도 우리는 아이들의 지혜를 목격하게 됩니다.

아이의 숨은 지혜

불안을 친구라고 생각하세요. 그러면 안 된다고, 위험하다고, 위험해 보인다고 알려주는 진정한 친구라고 말이에요. 자신에게 물어보세요. 마음이 불안할 때 어떻게 하면 안심이 되는지. 어떤 친구, 어떤 음악, 어떤 취미, 어떤 위로, 어떤 음식이 불안을 달래주는지. 혹시라도 우리의 불안이 아이에게 전염되지는 않았는지 주의 깊게 살펴보세요.

경쟁심

자기주장과 자존심 그리고 자존감

아이들이 선생님과 오목을 둔다. 조가 바둑알을 튕겨 선생님의 바둑알을 밀어낸다. 신생님이 웃으며 말한다. "저런!" 안나는 바둑알을 튕길 때마다 선생님 눈치를 본다. 해도 돼요? 이렇게 묻는 것 같다. 선생님이 연신 웃고 계셔서 아이는 안심하고 힘껏 바둑알을 튕긴다.

안젤라와 남동생, 부모님이 부루마불 게임을 한다. 안젤라와 엄마가 한 편이 되고 남동생과 아빠가 한 편이 된다. 남동생이 도시를 차례차례 사들이더니 큰 부자가 되었다. 아무리 열심히 주사위를 굴려도 마음먹은 대로 되지 않자 안젤라는 눈물이 나오려고 한다. 하지만 울면 지는 거니까 억지로 눈물을 참는다. 무슨 일이 있어도 동생은 이기고 싶은데…….

모든 아이는 이기고 싶어 합니다. 물론 승리는 그 자체로 의미가 있습니다. 승리는 성공의 경험이니까요. 아이는 승리를 통해 '할 수 있다'라는 자신감을 키우며 자기효능감을 입증합니다. 운동 경기에서든 일상 경험에서든, 진지한 게임이든 가벼운 놀이이든 상관없습니다.

하지만 이기는 걸 좋아하는 것과 지는 걸 허용하지 못하는 것은 다릅니다. 지지 못하는 아이는 강력한 자기주장과 완고한 자존심을 통해 희미한 자존감을 내세우려는 아이입니다. 아이의 자아는 다른 아이들이나 어른들과 비교하면서 자라나는데, 만약 그 과정에서 아이가 자존감이 위협을 받는다고 느끼거나, 혹은 이미 상처를 입었다면 아이는 승리에 집착하거나 아예 승부를 포기해버리기도 합니다.

"지면 나를 안 봐줄 거잖아요!"

블로덱은 무슨 일이 있어도 이겨야 직성이 풀립니다. 그래서 딱 봐서 이길 수 있을 것 같은 상대하고만 게임을 합니다. 이길 수 없을 것 같으면 아예 게임을 하지 않습니다. 친구들은 블로덱을 "비겁하다"라고 비난합니다. 블로덱도 자신이 좀 '비겁'하다고 생각합니다.

아이는 말썽을 많이 부립니다. 그래서인지 지금껏 살면서 칭찬을 받아본 적이 없습니다. 물론 게임에 이겼을 때는 잘했다는 칭찬이 돌아오지만 진심이 아니라는 것 정도는 아이도 잘 압니다. 무조건 이기려고 달려들다 보니 친구도 없습니다. 그래도 블로덱은 지고 싶지 않습니다. 안 그래도 보잘것없는 자신이 지면 더 비참해질 것 같기 때문입니다.

질 줄 모르는 아이는 이미 많이 진 아이입니다. 어떤 경험을 했는지는 몰라도 블로덱은 자존감을 잃었습니다. 자신감이 넘치는 아이는 이겨도 져도 상관이 없습니다. 이기고 지는 건 놀이의 결과이지 실존적 자기주장이 아니기 때문입니다. 질 줄 모르는 아이는 이미 많은 것을 잃어본 겁니다. 그런 아이와 승패를 이야기하고 다투는 건 무의미합니다. 지는 걸 참지 못하는 것은 더 많은 관심과 존중이 필요하다는 말입니다. 그래서 아이는 게임에 전부를 겁니다.

이기고 지는 것에도 경계가 필요합니다. 아이한테 늘 일부러 져주는 부모나 선생님이 있습니다. 하지만 늘 이기는 아이는 실망할 기회가 없고 따라서 실망에 대처하는 법도 배우지 못합니다. 또 그런 아이는 패배를 참고 애도하는 법을 배우지 못해 경계를 모르고 자신의 능력과 가능성, 삶의 우연들을 올바로 판단하지 못할 가능성이 큽니다. 물론 부모는 좋은 마음에서 져줍니다. 하지만 그건 아이를 상대로 꼭 이겨야 직성이 풀리는 철없는 어른과 똑같이 잘못된 행동입니다.

절대 지지 않으려는 아이는 자신이 불안하다고, 더 많은 관심과 지지가 필요하다고 우리에게 말하고 있습니다.

아이의 숨은 지혜

당신은 어땠나요? 어떨 때 마음 편하게 져줄 수가 없었나요? 그럴 때 무엇이 필요했나요? 자신의 어린 시절을 돌아보며 지금 당신의 자녀가 무엇을 원하는지 알아내 보세요.

함께 행복해지는 심리 수업

아이에게 '부분적으로' 솔직하세요

나는 부모들께 부분적 정직을 권합니다. 그게 무슨 말일까요? 첫째, 아이에게 전부 다 말할 필요는 없습니다. 모든 감정과 정보를 아이에게 전달하고 나눌 필요는 없습니다. 아이에게 비밀을 지킬 권리가 있듯, 어른에게도 남이 침범할 수 없는 자신만의 공간이 필요합니다. 우리 모범을 통해 아이는 자신만의 비밀 공간을 지키는 법을 배웁니다.

그러나 아이에게 알릴 때는 반드시 정직해야 합니다. 아이에게 아닌 척, 그런 척, 하지 마세요. 아이도 어른과 마찬가지로 배신감을 느낍니다. 물론 선의의 거짓말도 있고, 또 백 퍼센트 진실만 말할 수는 없겠지요. 하지만 최대한 정직하도록 노력해야 합니다. 이 점에서도 어른은 정직과 진실의 모범을 보여야 합니다. 즉 모든 것을 나눌 필요는 없지만 나누는 모든 것은 정직해야 합니다.

무절제

맘껏 소망을 품는다는 것

유치원에 다니는 한 남자아이가 부엌에 놓여 있던 엄마의 지갑에서 1유로를 몰래 꺼낸다. 그걸로 아이는 사탕을 사 먹는다. 엄마는 눈치채지 못했다. 얼마 후 사탕이 먹고 싶어진 아이가 또 엄마의 지갑에 손을 댄다. 그런데 이번에는 100유로짜리 지폐를 꺼낸다. 엄마가 알고서 깜짝 놀란다.

열두 살 남자아이가 마을 축구단에서 두각을 드러내며 축구에 재능을 보인다. 독일 분데스리가 3부 리그 팀인 프로이센 뮌스터 유스팀에서 입단 의뢰가 들어온다. 아이는 단칼에 거절한다. "바이에른 뮌헨 아니면 아무 데도 안 가요." 잠시 고민하던 아이가 한마디 보탠다. "뭐, FC 바르셀로나라면 갈 수도 있지만."

에릭이 친구의 생일 파티에 갔다. 그 집에는 큰 정원에 트램펄린까지 있어서 아이는 친구들과 신나게 뛰어논다. 신이 나서 집에 돌아온 아이는 계속 정원 타령을 한다. "우리 집에도 큰 정원이 있으면 좋겠어." 크리스마스 선물로 뭘 갖고 싶냐고 물어도 "정원", 생일 선물로 뭘 받고 싶냐고 물어도 "정원"이다. 하지만 엄마 아빠는 아이의 소원을 들어줄 수 없다. 정원이 딸린 집을 살 만큼 여유롭지 않기 때문이다.

위의 세 아이 모두 무절제의 사례를 잘 보여줍니다. 열두 살 축구 선수는 자기 실력을 너무 과대평가해서 세계 최고 팀이 아니면 안 가겠다고 그 밑으로는 아예 쳐다보지도 않습니다. 아이는 자기 한도를 모릅니다. 큰 정원을 갖고 싶다는 에릭 역시 마찬가지입니다. 부모님은 소원을 들어줄 형편이 안 되지만 아이는 신경 쓰지 않습니다. 엄마 돈을 훔친 아이도 절제를 모르긴 마찬가지입니다. 아이는 1유로와 100유로의 차이를 모릅니다. 그저 사탕이 먹고 싶다는 바람을 채우기 위해 돈을 훔칩니다. 아이에겐 1유로를 훔치건 100유로를 훔치건 똑같습니다. 아이는 한도를 모르고 절제를 모릅니다.

아이의 이런 무절제를 이해하기 위해선 원래 아이는 절제를 모른다는 사실을 알 필요가 있습니다. 절제를 배우는 과정에서 아이는 이런저런 실수를 저지릅니다. 얼마나 먹어야 배가 차는지를 알려면 많이도 먹어보고 적게도 먹어봐야 하는 것처럼요. 그러다 보면 자신의 한도가 어느 정도인지 감각이 생깁니다. 아이는 한도를 알려면 경험이 필요합니다.

아이는 경험뿐만 아니라 비교도 할 줄 알아야 합니다. 친구 집에 갔더니 넓은 정원이 있어서 신나게 뛰어놀았다면 아이는 친구와 자신을 비교하여 나도 정원을 갖고 싶다는 소망을 품게 됩니다. 비교 다음은 갈등입니다. 아이는 타인의 기분, 또는 한계와 충돌하여 갈등을 겪어봐야 합니다. 정원을 갖고 싶다는 아이의 소망은 부모의 현실 및 기준과 충돌하여 갈등을 일으킵니다. 자신의 기준을 세우려면 비교와 갈등, 둘 다 꼭 필요합니다.

"어디까지 사 달라고 해도 돼요?"

아이의 소망이 무절제하다고 해서 나쁘다고 야단을 치면 안 됩니다. 아이의 소망은 변화의 바람입니다. 자신의 소망이 비웃음이나 무시를 당하면 아이는 소망하기를 멈출 것이고, 나름의 고집을 키우고 기준을 세우려는 노력도 멈추게 될 겁니다.

가령 어떤 아이가 자전거를 갖고 싶었다고 칩시다. 부모님이 크리스마스 선물로 자전거를 사줍니다. 그런데 선물하는 방식에 문제가 있었습니다. 온 가족이 모여 선물을 주고받는 시간, 아이는 두세 가지 소소한 선물을 받습니다. 하지만 그토록 바라던 자전거가 아니어서 실망하고 자기도 모르게 눈물이 솟구칩니다. 아이는 자제하지 못하고 울어버린 자신이 너무 창피합니다. 그때 부모님이 발코니로 가서 맥주 좀 갖다 달라고 합니다. 아이는 아무 생각 없이 발코니로 나갔다가 거기서 새 자전거를 발견합니다. 부모님은 그 자전거를 사주려고 오래 돈을 모았고 아이를 깜짝 놀라게 해주고 싶었습니다. 하지만 아이가 느꼈던 실망감이 너무 컸던 나머지 이 깜짝 이벤트는 긍정적 효과를 발휘하지 못하고 아이는 그 후로도 오랫동안 소망을 품지 못합니다.

아이의 소망은, 비록 한도를 넘어선 비현실적인 소망이라 하더라도 아이가 나름의 한도를 찾기 위해 싸우고 있다는 증거입니다.

아이의 숨은 지혜

아이의 소망을 존중해주세요. 물론 한도를 한참 초과한 소망이라면 명확하게 거부 의사를 표해야 합니다. 하지만 어른의 규칙을 아이도 반드시 지켜야 하는 무조건적 법으로 만들지는 마세요. 구체적인 바람의 내용보다 바람을 품는다는 것 자체가 더 중요합니다. 아이에게 알려주세요. 세상 모든 것을 바라고 소망해도 좋지만 그 모든 소망이 이루어지지는 않는다는 것을요.

몸싸움

"나는 강해!"에 숨은 절망감

꼬마 나타샤는 할아버지랑 노는 게 제일 재미있다. 할아버지가 팔을 쭉 뻗으면 나타샤가 그 팔에 매달린다. 할아버지가 더는 못 버티고 팔을 내리면 나타샤가 승리감에 활짝 웃는다. 아이는 힘이 세다!

게오르기와 아르투어는 절친이다. 아홉 살 두 아이는 학교에서도 짝꿍이다. 하지만 쉬는 시간만 되면 레슬링을 한다. 하루도 빠짐없이 붙어서 뒹군다. 공정하게 싸울 때도 있지만 비겁하게 발을 걸어 넘어뜨리기도 한다. 그럴 때면 큰소리로 서로를 욕하지만 사실 비겁할수록 더 재미있음을 모르지 않는다. 선생님이 그만 싸우라고 말리면 둘이서 한 목소리로 외친다. "싫어요! 재미있단 말이에요."

니나는 유치원의 무법자다. 아이는 하루 종일 뛰어다니며 친구들을 밀치고 넘어뜨린다. 친구가 누워 있으면 발로 밟는다. 신이 나서 사이좋게 노는 아이들을 보면 꼭 그 틈으로 들어가서 훼방을 놓는다. 선생님들은 아이를 말리려고 별별 짓을 다 해본다. 야단도 치고 벌도 주지만 아무 소용이 없다. 선생님들도 어찌해야 할지 몰라 고민이다.

아이는 싸움박질을 좋아합니다. 나이를 불문하고 몸싸움을 해댑니다. 어릴 때는 놀이 삼아 어른들과 싸우고, 친구들하고도 싸웁니다. 더 자라 유치원이나 학교에 들어가면 밀고 때리고 싸우면서 자기주장을 하려 합니다. 위험해 보일 때도 많고, 또 아이가 드러내는 공격성에 놀라 걱정하는 어른들도 많습니다. 하지만 대부분의 아이에겐 이런 몸싸움이 당연하고 때론 편합니다.

아이는 친구와 붙어 싸우면서 자신을, 특히 자신의 힘을 느낍니다. 꼭 이겨야 할 필요는 없습니다. 자신과 상대를 느끼고 자기효능감을, 자신의 힘과 민첩함과 활력을 느끼는 것이 더 중요합니다. 물론 아이에 따라 몸싸움이 많이 필요한 아이가 있고 그렇지 않은 아이가 있습니다. 아이마다 다 다르므로 예민하게 관찰하는 것도 필요합니다.

"너도 똑같이 느껴봐!"

하지만 모든 몸싸움에 경쟁과 자기효능의 의미가 있진 않습니다. 니나의 경우가 그렇습니다. 아이의 싸움은 겨루기도, 비교도 아닙니다. 아이는 그저 멈추고 싶어도 멈출 수가 없을 뿐입니다. 아이의 마음은 무언가에 쫓기고 있습니다.

아이는 자신의 지혜를 통해 자기 안에 기생하는 감정들을 선생님의 마음에도 불러일으킵니다. 속수무책의 심정, 무력감과 절망감을. 먼저 그것을 알아야 도움을 줄 수 있으니, 니나는 참 지혜롭습니다. 니나는 도움이 필요합니다. 어쩌면 보호도 필요할지 모릅니다. 어쨌거나 아이에겐 위로가 필요합니다.

하지만 니나는 그 누구의 접근도 허락하지 않습니다. 선생님이 니나의 집안 사정을 조사하다가 뜻밖의 사실을 알게 됩니다. 니나의 아빠가 아이까지도 때리며 가정 폭력을 행사하다가 그것도 모자라 가출을 해버린 겁니다. 남겨진 엄마는 혼자 살 방도를 몰라 약물 중독에 빠졌습니다. 니나가 억지로 엄마를 깨워야 할 때도 많습니다. 엄마를 깨우고 나면 니나는 이웃집 벨을 누릅니다. 그럴 때마다 이웃집 아줌마가 니나를 잠시 맡아서 보살펴줍니다. 유치원 원장님이 엄마와 상담을 해보려 했지만 엄마는 응하지 않습니다. 결국 원장님이 아동 보호시설에 신고를 합니다.

니나의 담당 선생님은 시간이 날 때마다 니나에게 신경을 씁니다. 적어도 하루 30분은 따로 아이를 불러 말도 시켜보고 편하게 말할 수 있는 분위기를 만들려고 애도 씁니다. 하지만 니나는 아무 말도 하지 않습니다. 아이는 절망에 빠져 입을 닫았습니다.

아이의 유일한 언어는 때리고 밀고 싸우는 것입니다. 아이가 아는 생존의 방법이 그것밖에 없기 때문입니다. 아이는 떠밀려 넘어진 기분에 친구들을 밀어 넘어뜨립니다. 무시당한 기분에 똑같이 친구들을 무시합니다. 선생님이 혼란스러운 니나의 마음을 알아채고 아이에게 말해줍니다. "친구들을 밀면 힘이 세다는 기분이 들지. 그치?" 니나가 고개를 끄덕이며 웃습니다.

니나 같은 아이는 유치원과 학교에서 감당하기 벅찬 게 사실입니다. 아이가 아이의 지혜를 통해 무엇을 말하고자 하는지를 이해하고 행동의 의미를 알아내는 것은 중요하지만, 니나 같은 아이에게 필요한 도움은 유치원과 학교에서 줄 수 있는 수준을 뛰어넘습니다.

아이의 숨은 지혜

아이 때문에 절망감이 든다면 아이도 절망하고 있다고 생각해야 합니다.

함께 행복해지는 심리 수업

내려놓기를 연습할 시간을 주세요

이별은 삶의 일부입니다. 그리고 이별은 항상 슬픔을 동반하지요. 아이는 친구를 잃기도, 할머니가 편찮으셔서 할머니 집에 갈 수 없기도 합니다. 엄마가 출근해 혼자서 어린이집에 가는 아이도 있습니다. 주말마다 찾아가던 아빠는 새로 꾸린 가정에 충실하겠다며 아이를 만나주지 않습니다. 그런 사건, 그런 크고 작은 상실이 아이의 일상이 됩니다. 아이는 울기도 하고 조용히 혼자 구석에 앉아 있기도 합니다. 슬픔은 작별의 감정이기 때문입니다.

하지만 슬픔도 인생의 일부입니다. 슬픔을 받아들이고 해소해야 진정으로 작별할 수 있습니다. 그렇기에 슬픔을 허락해야 합니다. 때로는 어른이 먼저 모범이 되어 슬플 때는 슬퍼할 줄 알아야 합니다.

물건도 작별의 대상입니다. 작아져 못 입게 된 외투, 망가진 장난감, 더러워져 버려야 하는 인형…… 그런데 작별의 슬픔을 덜어주고자 아이 몰래 물건을 버리는 부모가 많습니다. 그건 큰 잘못입니다. 아이 몰래 장난감을 버리면 아이는 그 장난감과 함께 자신마저 버림받은 기분이 됩니다. 그래서 가진 물건에 더 매달리고 집착합니다. 이런 경우 어쨌거나 아이는 이별의 방법을 배우지 못합니다.

물론 부모는 상실을 아픔을 덜어주려는 좋은 의도였을 겁니다. 그러나 의도와 달리 아이는 기만당했다고 느낍니다. 이별은 아이가 성장하면서, 또 나중에 어른이 되어서도 꼭 필요한 능력입니다. 그러니 아이에게도 이별 연습이 필요합니다. 물건을 버리거나 남에게 줄 때는 꼭 아이에게 말하거나 아이가 보는 앞에서 해야 합니다.

반항

"엄마 바보!"에 담긴 생명력

필립의 엄마는 밖에 나가면 아이의 손을 꼭 잡고 다닌다. 인도에서도 절대 손을 놓지 않는다. 엄마는 아이의 손을 잡고서도 안심이 안 돼 아이를 인도 안쪽으로 밀어넣는다. 바깥쪽에 두었다가는 언제 엄마 손을 뿌리치고 차도로 달려들지 모르기 때문이다.

필립의 묘기는 그뿐이 아니다. 필립은 나무 타는 원숭이다. 어디서나 무엇이든 기어오른다. 놀이터의 가장 높은 곳에 올라가고 나무도 아무렇지 않게 오른다. 어떻게 저 높은 곳까지 올라갔는지 선생님도 이해가 안 돼 고개를 갸웃할 때가 한두 번이 아니다.

하루는 엄마가 필립을 데리고 친구 집에 놀러간다. 필립은 책을 두 권 가져다가 거실 구석에서 얌전히 읽고 있었다. 그런데 어느 순간 저 위에서 "안녕!" 하는 소리가 들린다. 필립이 어떻게 올라갔는지 옷장을 타고 올라가 옷장 맨 꼭대기에서 웃으며 손짓을 한다.

넬레는 시간과 장소를 가리지 않고 휘파람을 불고 노래를 부른다. 조용히 해야 하는 곳에서도 가만히 있지 않는다. 길을 걸어갈 때도 혼자서 신나게 휘파람을 분다. 학교 수업 시간에도 뜬금없이 노래를 부른다. 하지만 누가 시키면 절대로 안 한다. 노래를 부르라고 하면 휘파람을 불고 휘파람을 불라고 하면 노래를 부른다. 온 가족이 모인 자리에서 노래를 시켰더니 갑자기 휘파람을 불어댄다. 넬레는 고집이 세다. 자기주장이 강하다.

엘렌은 한시도 가만히 있지 못하고 눈에 보이는 건 전부 잡으려고 한다. 하루 종일 안절부절 왔다 갔다 한다. 조용히 앉아 있는 엘렌? 상상할 수 없다. 아이는 계속해서 이걸 쥐었다 저걸 쥐었다 한다. 보이는 건 다 쥐어봐야 직성이 풀린다. 사람을 만나도 만져봐야 한다. 선생님이 부모님을 불러 ADHD 검사를 받아보라고 권한다.

아빠는 레베카에게 운동 좀 하라고 잔소리를 한다. 하지만 레베카는 공상을 좋아한다. 그림책을 손에 들었다 하면 하루 종일 그것만 본다. 소리 나는 장난감을 주면 계속 같은 버튼을 누르며 같은 멜로디를 듣는다. 이것이 삶의 욕망과 활력을 표현하는 레베카만의 방식이다.

순응과 규범은 타고나는 것이 아니라 차근차근 배워나가는 것입니다. 언제든 탐험할 준비를 마친 아이의 마음엔 모험심이 불타오릅니다. 아이는 호기심이 많습니다. 새로운 것을 좇고 생명을 갈망합니다. 활기와 생명력, 삶의 욕망이 이글거립니다. 자신을 펼치고 삶의 욕망을 실현하는 과정을 통해 아이는 크고 자랍니다.

뭐든 기어오르고 싶은데 그러지 못하는 아이는 인생에서도 '더 높이' 올라가지 못합니다. 말과 노래와 휘파람으로 소리를 내지 못하는 아이는 아무에게도 들리지 않는 삶을 살게 됩니다. 만지고 싶은데 만질 수 없는 아이는 아무것도 만지려 하지 않는 사람이 될지도 모릅니다. 아이는 저마다 기질이 다릅니다. 어떤 아이는 한시도 가만히 있지 못하지만 레베카처럼 움직이기 싫어하는 내향적인 아이도 있습니다. 차분한 아이가 있는가 하면 별난 아이도 있습니다. 하지만 기질이 어떠하건 모든 아이의 마음엔 생명의 욕망과 활기가 넘치도록 들끓습니다.

어른들의 지나친 제약으로 아이의 이런 생명의 욕망은 한계에 부딪힙니다. 유치원에서, 학교에서, 집에서 어른들은 경계선을 긋습니다. 그 경계선을 보호와 안전으로, 또 사랑으로 느끼면 아이는 그 경계선을 받아들입니다. 넓은 세상에서 길을 잃지 않기 위해서 아이에겐 경계선이 필요합니다. 하지만 그 경계가 너무 협소하여 넘치는 생명의 욕망을 옥죈다면 아이는 반항합니다. 생명의 욕망이 선을 넘어버립니다.

"더는 못하겠어!"

베아트리체는 열 살입니다. 엄마는 자꾸 잔소리만 합니다. 베아트리체는 그런 엄마를 이해할 수 없어 엄마를 너무너무 사랑함에도 자꾸만 엄마에게 대듭니다. "엄마, 바보!" 엄마가 베아트리체한테서 제일 자주 듣는 말입니다.

하지만 엄마는 베아트리체를 사랑해서 잔소리하게 됩니다. 엄마는 베아트리체가 몸에 좋은 음식을 먹으면 좋겠습니다. 소시지나 햄만 먹지 말고 야채도 많이 먹으면 좋겠습니다. 옷도 예쁘게 입고 구두에 어울리는 색깔의 양말을 신으면 좋겠습니다. 또 엄마도 휴식이 필요하니 일요일에는 10시나 11시까지 푹 자면 좋겠습니다.

학교에 가도 집과 별반 다르지 않습니다. 매일 선생님한테서 어떤 행동이 옳고 그른지를 귀에 못이 박히도록 듣고, 어떻게 살아야 올바르게 잘 살 수 있는지를 배웁니다. 학교는 규율이 엄합니다. 베아트리체는 아빠와 같이 살지 않는데 2주일에 한 번씩 주말에 아빠 집에 가서도 정해진 규칙을 지켜야 합니다. 공무원인 아빠는 매사에 정확하고 꼼꼼합니다.

베아트리체는 아빠한테 가지 않겠다고 떼를 쓰며 반항합니다. 아이는 속박에서 벗어날 작은 섬을 찾습니다. 엄마를 너무 좋아하지만 짜증을 부리고 엄마를 놀립니다. 아무도 베아트리체의 생명의 욕망과 갈망을 받아주지 않기 때문입니다. 아무도 마음껏 살아보라고, 하고 싶은 대로 해보라고 지지해주지 않습니다. 넘어질 위험을 감수하지 않는다면 어떻게 다시 일어나 걷는 법을 배울 수 있을까요?

베아트리체는 어른들의 경계가 너무 협소하고 규제가 심하다는 사실을 반항으로 보여줍니다. 가끔 엄마는 지쳐서 말합니다. "더는 못하겠어." 베아트리체의 마음도 엄마와 같습니다. 아이는 넘치는 활력을 펼칠 수 없어 지쳐 생각합니다. '더는 못하겠어.'

아이가 베아트리체처럼 반항할 때면 계속해서 자문해야 합니다. 저 아이는 무엇에 반항하는 걸까? 무엇이 답답한 걸까? 무엇이 과한 걸까? 무엇이 모자란 걸까? 베아트리체의 경우 정답은 뻔합니다. 규제가 너무 많아 넘치는 생명력을 펼칠 공간이 너무 좁습니다.

아이의 마음에서 이글거리는 생명의 불길을 어른들이 걱정이라는 이유로 꺼버려서는 안 됩니다. 삶의 기쁨을 표현하는 방법을 어른의 관념으로 제약해 아이의 기쁨을 짓밟아서는 안 됩니다.

아이의 숨은 지혜

한번 자신에게 물어보세요. 당신의 마음에도 아직 생명의 욕망이 살아 있나요? 하고 싶은 것, 갈망하는 것이 있나요? 삶의 욕망이 다 시들어버렸다면 아이들에게서 넘치는 갈망과 욕망을 배워보면 어떨까요?

편 가르기

"너 내 편이야?"라는 질문

노아가 성적이 부당하다며 투덜댄다. 검색도 많이 하고 정성껏 발표문을 만들어 발표했는데 왜 A를 못 받았는지 모르겠다. 아이는 엄마한테 선생님이 부당하다며 하소연을 한다.

니코가 아빠와 TV에서 아이스하키 중계를 보고 있다. 아이는 자기가 응원하는 팀에게 경고를 준 심판의 판정에 불만을 표시한다. 아빠가 판정이 옳다고 심판의 편을 들자 니코가 길길이 날뛴다. 아이는 자기가 응원하는 팀을 편든다. 자기 팀이 불이익을 당하면 무조건 화를 낸다.

아이에겐 편이 필요합니다. 자기 편을 뒷배로 삼아 자신의 입지를 다지고 소속감을 느낄 수 있기 때문입니다. 따라서 아이가 편을 가를 때는 그 마음을 이해하고 내버려두는 것이 좋습니다. 객관성을 내세우며 아무리 반박해봤자 소용없습니다. 객관적인 시각은 자라면서 절로 얻게 됩니다. 어린 시절엔 편을 갈라 내 편이 지면 분노할 수 있어야 합니다.

학교에서 부당한 성적을 받았다고 투덜대는 아이에게도 성적은 중요하지 않습니다. 아이는 친구가 똑같은 일을 당했어도 화를 냈을 것입니다. 아이에겐 나름의 명확한 공정성의 기준이 있어서 그 기준이 침범당하자 화를 낸 겁니다. 노아는 사실 자기 성적에 불만이 있는 것이 아닙니다. 이번에만 A를 못 받은 것도 아닙니다. 자기 생각과 기준으로 볼 때 C가 정당하다면 아무 불만 없이 C도 받아들였을 겁니다. 하지만 이번엔 공정하지가 않습니다. 그래서 부당하다고 화를 냅니다.

"왜 엄마도 내 편을 안 들어줘?"

분노하고 편을 요구하면서 아이는 고집을 키웁니다. 따라서 우리 어른들은 아이의 편 가르기를 우습게 생각해선 안 됩니다. 편 가르기를 통해 아이는 자기에게도 의견을 표명하고 입장을 밝힐 권리가 있다는 것을 보여줍니다. 그걸 못하게 하면 아이는 의견 표명의 권리를 의심하게 됩니다.

리자가 학교에서 돌아오더니 오늘 학교에서 선생님께 야단을 맞았다며 짜증을 냅니다. 시비는 짝꿍이 먼저 걸었는데 선생님이 자기만 야단을 쳤다면서 불만을 표시합니다. 그 말을 들은 엄마가 단박에 되묻습니다. "너 또 무슨 짓 했어?" 아이는 실망해서 울음을 터트립니다. 엄마의 질문이 질책을 담고 있는 것 같아서, 싸움의 책임을 자신에게 씌우는 것 같아서 상처받은 아이는 그만 입을 다물어버립니다.

지금 리자에게 필요한 것은 엄마의 위로와 편입니다. 엄마는 무조건 아이 편을 들어줘야 합니다. 아이가 흥분을 가라앉혔다면 그때부터 아이와 함께 싸움이 어떻게 시작되었는지 차근차근 추적해나가면 됩니다. 일단은 편들기가 먼저입니다. 그래야 가족 간 유대감도 커집니다. 특히 아이가 갈등을 불안해하는 경우엔 반드시 이런 소속감이 필요합니다. 시시비비는 그다음에 가려도 늦지 않습니다.

아이의 숨은 지혜

아이 편을 들어주세요.

야뇨증

통제 상실은 모두가 겪는 일

옌스가 화들짝 놀라서 일어난다. 무슨 일인지 어리둥절하다. “엄마, 이불이 축축해. 잠옷 바지도 축축해.” 옌스가 밤에 오줌을 쌌다. 아이는 영문을 모르겠다.

여섯 살 이자벨은 유치원에 다닌다. 그런데 갑자기 유치원에 안 가겠다며 고집을 피운다. “싫어. 안 가.” 엄마는 영문을 몰라 아이에게 억지로 옷을 입혀 유치원으로 끌고 간다. 이자벨이 엉엉 운다. 엄마는 선생님께 이자벨이 유치원에 안 오겠다고 떼를 썼다며 무슨 일이 있었냐고 묻는다. 선생님은 어제 아이가 오줌을 싸는 바람에 친구들한테 놀림을 받았다고 전한다. 아이는 창피를 당해서 수치심을 느꼈던 것이다. 두 번 다시 그런 일을 겪고 싶지 않다.

오줌을 싸는 건 아이도 어찌할 수 없는 일입니다. 따라서 야단을 치고 오줌 싸지 말라고 압박하는 건 아무 도움이 안 됩니다. 아니, 오히려 해롭지요. "다 큰 애가 왜 그래!" 같은 호소나 방에 가두거나 과자를 안 사주겠다는 식의 체벌, "오줌 안 싸면 원하는 거 해줄게" 같은 보상의 약속은 그저 어찌할 바를 모르겠는 어른들의 꼼수일 뿐, 전혀 야뇨증을 해결하지 못합니다. 오히려 아이의 부담과 죄책감만 키우는 역효과를 낼 가능성이 큽니다.

야뇨증은 말 그대로 아이가 자신을 통제할 수 없는 밤에 오줌을 싸는 증상입니다. 물론 낮에도 쌀 수 있는데, 보통은 아이가 완전히 주변을 잊거나 놀이에 푹 빠져 있을 때 많이 발생합니다.

야뇨증은 통제의 상실입니다. 그 사실을 알아야 괜스레 아이를 괴롭히지 않습니다. 진짜 중요한 건 오줌을 싸게 만드는 원인입니다. 아이가 한두 번 바지에 오줌을 싼다면 우연한 실수일 때(악몽을 꾸었거나 노느라 정신이 없어서)가 많습니다. 하지만 상황이 되풀이되고 규칙적으로 발생한다면 어떤 부담이 아이의 통제 상실을 불러오는지 잘 살펴야 합니다.

"아빠 사실 나 고민이 있는데……."

밤에 오줌을 싸면 아이는 자기가 싸놓고도 이게 '무슨 일인지'를 알지 못합니다. 어른들이 놀라거나 충격받는 모습을 보고서야 아이는 비로소 자신이 뭔가 잘못을 저질렀음을 깨닫습니다. 아이는 당황스럽고 부끄럽습니다. 특히 어린이집이나 학교에서 그런 일이 일어나면 바지에 오줌 싸는 걸 창피한 일로 여기는 친구들의 놀림이 추가됩니다. 아이는 모욕감을 느끼고 자신이 잘못했다고 생각하게 됩니다.

따라서 오줌 그 자체보다 아이의 수치심과 당황한 마음을 먼저 추슬러줘야 합니다. 그런 점에서 알로이스의 아빠는 올바른 대처를 할 줄 아는 참 현명한 어른입니다.

여덟 살 알로이스가 오줌을 싸자 아빠가 말합니다. "괜찮아. 누구나 그럴 수 있어." 아빠는 얼른 침대 시트를 갈고 아들을 꼭 안아줍니다. 이튿날 밤은 무사히 넘어갔지만 그다음 날 또 아이가 오줌을 쌉니다. 이번에도 아빠는 침착하게 대처하며 아들의 마음을 달랩니다. 그런 다음 아들에게 혹시 무슨 일이 있었냐고 묻습니다. 아이는 고개를 젓습니다. "모르겠어요."

아이는 자신이 무엇 때문에 자제력을 잃고 오줌을 쌌는지 이유를 모를 때도 많습니다. 아주 서서히 커진 부담 탓일 수도 있습니다.

가령 엄마 아빠가 실제로 싸우지는 않지만 뭔가 집안 분위기가 긴장으로 팽팽하다면, 아이는 그 사실을 몸으로 느끼고 야뇨증으로 반응합니다. 동생이 아픈 게 자기 탓이라며 죄책감을 느끼는 아이도 오줌을 쌀 수 있습니다. 트라우마로 남을 만한 큰 사건도 야뇨증의 발단이 됩니다.

알로이스의 아빠는 아무래도 아들에게 무슨 문제가 생겼다고 직감합니다. 그래서 혹시 학교나 등굣길, 피아노 학원에서 누가 괴롭히냐고 아이에게 묻습니다. 자꾸 캐묻다 보니 결국 아이를 불안에 떨게 만든 사건의 정체가 드러납니다. 학교에서 한 아이가 알로이스한테 소리를 지르며 주먹을 휘두른 겁니다. 선생님이 그 아이를 불러 야단을 치고 한 번만 더 그러면 벌을 주겠다고 혼냈으나 알로이스의 불안은 가시지 않았습니다.

아빠에게 속마음을 털어놓자 아이의 불안이 많이 진정됩니다. 그래도 야뇨증은 나아지지 않습니다. 어떻게 하면 알로이스를 도와줄 수 있을까 아빠는 고민합니다.

아빠는 아이에게 이렇게 제안합니다. "오늘부터 두 가지를 시작할 거야. 첫째는 밤에 기저귀를 차는 거야. 옷이 축축해져서 자다가 자꾸 깨니까, 기저귀를 차면 푹 잘 수 있을 거야. 물론 야뇨증이 나을 때까지 만이야. 둘째로 아빠가 매일 밤 자기 전에 네 등을 마사지해 줄게. 너도 좋아하지? 아빠도 좋아." 약속한 대로 했더니 며칠 만에 아이의 야뇨증이 호전됩니다. 그래도 아빠는 1년 넘도록 매일 밤 아들의 등을 마사지해 줍니다.

알로이스는 오줌을 싸서 자신에게 걱정이 있다는 사실을 알렸습니다. 오줌은 말썽이 아니라 아이의 지혜입니다. 걱정이 사라지면 야뇨증도 저절로 사라집니다.

아이의 숨은 지혜

아이가 오줌을 싸거든 절대로 부담을 주지 마세요. 야단을 치거나 벌을 주거나 협박을 하면 안 됩니다. 이유와 의미를 찾아보세요. 그리고 함께 문제를 해결하려 노력하세요. 아이에게 죄책감을 줘서는 안 됩니다.

아이에 대해 본인 앞에서 이야기하지 마세요

흔한 상황 하나, 두 아이가 거실에서 놀고 있습니다. 나이는 네 살, 여섯 살입니다. 손님이 찾아오자 엄마가 손님에게 하소연합니다. "정말 하루가 어떻게 가는지 모르겠어요. 쉴 틈이 없어요. 애들이 할머니 집에 가면 어찌나 좋은지, 원." 아빠도 옆에서 거듭니다. "엄마가 언제 애들 보낼까 전화하시면 만날 대답해요. 최대한 늦게!"

상황 둘. 옆집 아줌마가 놀러옵니다. 꼬마 아들이 뭐 때문에 화가 났는지 길길이 날뜁니다. 부모가 말합니다. "저놈은 하루 종일 저렇게 시끄러워요. 우리 딸은 정말 얌전하고 착한데."

의도하지 않은 악순환

두 부부는 무슨 나쁜 뜻이 있는 게 아닙니다. 이들 역시 아이들의 건강과 행복을 위해 노력하는 평범한 부모입니다. 하지만 이들은 아이가 있는 자리에서 그런 말을 하면, 더군다나 그런 말을 반복하면 아이에게 나쁜 영향을 준다는 사실을 미처 생각지 못합니다.

첫 번째 상황에서 아이들은 부모님이 너무 힘들다는 말을 듣습니다. 자신이 부담이라는 말을 듣고 자신이 집에 없으면 부모님이 좋아한다는 말을 듣습니다. 그 말은 아이의 자존감을 떨어뜨립니다. 혹은 질투심을 느낀 아이가 부모의 관심을 얻으려 사력을 다하게 될 수도 있습니다. 이 경우 아이는 자신을 다 버리고 부모님 말씀에 순종하거나 반대로 공격적인 행동을 하게 됩니다. 후자의 경우 부모님은 더 힘이 들고 더 야단을 쳐 아이는 더 반항하게 됩니다. 악순환의 시작입니다.

두 번째 상황에선 아이가 자신은 나쁜데 누나는 착하다고 생각하게 됩니다. 이런 생각은 아이의 자아상과 이후의 삶에 큰 부담이 됩니다.

내 말을 곡해하지 말았으면 합니다. 당연히 우리는 아이의 행동에 선을 그어줘야 합니다. 우리가 쉬고 싶을 때나 아이가 혼자서 놀아야 할 때, 혹은 해야 할 일이 있을 때는 분명하게 말해줘야 합니다. 그리고 만약 아이 때문에 화가 나서 자제하기가 어렵다면 불평을 토로할 곳도 필요합니다. 다만 아이에게 들릴 수 있거나 아이가 옆에 있다면 그런 말을 해서는 안 됩니다. 아이는 그런 말을 구체적인 상황과 연결 짓지 못해 자기 성격, 자기 존재 자체를 탓하기 때문입니다. 특히 그런 말을 계속 반복해서 듣는다면 상황은 더 악화됩니다. 아이는 우리가 생각하는 것 이상으로 우리 말을 많이 듣고, 또 우리 예상과 전혀 다른 식으로 그것을 해석합니다.

사려 깊고 명확하게

부모도 사람이니까 아이 없이 혼자 있거나 파트너와 둘이 즐거운 시간을 보낼 수 있어야 합니다. 그럴 필요가 있고 반드시 그래야 합니다. 하지만 그럴 때도 부모로서의 철저한 의식과 명확한 태도가 필요합니다. 가령 아이에게 이렇게 말하면 됩니다. “엄마는 너하고 같이 있는 게 너무 좋아. 그렇지만 혼자 있고 싶을 때도 있어. 혼자서 책도 보고 잠도 자고 친구도 만나고 아빠랑 단둘이 영화도 보고 싶어. 그러고 나면 다시 너하고 오래 함께 있을 거야.”

그런 식의 명확한 표현은 아이도 잘 이해합니다. 하지만 부담스럽고 힘들다는 엄마의 하소연을 옆에서 슬쩍 듣는다면 아이는 엄마의 말을 어떻게 해석해야 할지 몰라 그저 자신의 존재가 엄마에게 부담이 된다고만 생각하게 됩니다. 그 결과 죄책감을 느끼고 엄마의 관심을 끌기 위해 절망적인 사투를 벌입니다.

떼쓰기

무조건 바닥부터 드러눕는 이유

레지는 걸을 줄 안다. 아이는 걸을 줄 아는 자신이 자랑스럽다. 가끔은 넘어지기도 하지만 그게 뭐 그리 대수인가. 아이는 다시 일어나 걷고 또 걷는다. 하지만 오빠가 훼방을 놓거나 뭘 빼앗아 가면 아이는 바닥에 드러누워 일어나지 않는다. 시위라도 하듯 가만히 꼼짝 않고 누워 있는다.

프랑크는 단 것을 좋아한다. 엄마랑 장을 보러 갈 때마다 이거 사 달라 저거 사 달라 주문이 많다. 계산대 앞에 진열된 간식거리를 본 프랑크가 또 막대 사탕을 사 달라고 조른다. "안 돼. 많이 샀잖아. 그것만 해도 많아." 엄마가 말하자 프랑크가 울면서 바닥에 드러누워 발을 버둥댄다. 난처해진 엄마가 프랑크를 일으켜 세우려고 애를 쓴다. 마트에 온 사람들이 전부 이 두 모자만 쳐다본다. 엄마는 너무 창피해서 땅속으로 들어가고 싶다.

세 살 유니스는 오늘 생일이다. 아이는 할아버지를 너무너무 좋아하고 선물도 너무너무 좋아한다. 그런데 할아버지가 선물을 주려는 데도 아이는 바닥에 누워 엄마한테서 받은 책을 구경하느라 여념이 없다. 책에 홀딱 빠진 아이가 할아버지 손을 밀치며 말한다. "가!" 할아버지는 영문을 몰라 아이를 빤히 쳐다본다. 몇 분 후 유니스가 다시 할아버지를 쳐다보며 방긋 웃는다.

여기에선 두 가지 측면이 중요합니다. 첫째는 반항입니다. 많은 부모님과 선생님이 아이의 반항 때문에 힘들어하고 유니스의 할아버지처럼 당황하기도 합니다. 하지만 반항은 아이의 성장에 없어서는 안 될 필수 단계입니다.

'반항기'는 아이가 자기 나름의 태도와 의지를 키우고 지키고 표출하는 훈련을 하는 과정입니다. 그러자면 아이는 어른의 의지와도 선을 그어야 합니다. 어떻게 해야 적절하게 선을 그을 수 있는지 아이는 아직 방법을 모릅니다. 아이에겐 아직 적절한 기준이 없습니다. 그래서 이것도 해보고 저것도 해봐야 합니다.

레지처럼 어른에게 반항하고 싶고 자기 뜻을 관철하고 싶을 때 바닥에 드러눕는 아이가 적지 않습니다. 바닥은 아이가 잘 아는 곳입니다. 반대로 어른들 대부분이 이제 더는 알지 못하는 곳이지요. 태어나는 순간 인간은 서지도, 걷지도 못합니다. 태어나서 한동안은 늘 몸이 바닥과 접촉해 있습니다. 그래서 바닥에 누워 있으면 편하고 안전하다는 기분이 듭니다.

나이가 들어 걷고 뛸 수 있게 된 후에도 아이는 마음이 불안하거나 상처받을 때마다 다시 몸을 바닥에 붙이고 싶어 합니다. 어떤 이유에서건 자신의 굳은 의지를 확실히 보여주고 싶을 때도 아이는 바닥을 찾습니다. 이 사실을 알아야 난처한 아이의 행동을 이해할 수가 있습니다.

"나 좀 봐줘 엄마!"

프랑크가 바닥에 드러누워 우는 행동은 엄마 아빠와의 갈등을 넘기려는 일회성 반응일 수도 있습니다. '반항기'는 보통 세 살에 시작되지만 거의 모든 연령대의 아이들이 필요할 때마다 반항을 합니다. 프랑크 같은 아이는 자신이 그렇게 행동하면 부모가 난처해하고 창피해한다는 걸 느낍니다. 그럴 때는 확실한 대처와 일관된 태도가 필요합니다. 아이의 바람은 이해하지만 그 바람대로 해줄 수 없다는 점을 설명하고, 그 이유를 말해줘야 합니다.

창피하다고 아이의 뜻을 들어주면 아이는 용기를 얻어 비슷한 행동을 또 하게 됩니다.

하지만 지금 아이는 의지를 표명할 나름의 길을 찾는 중입니다. 그 사실을 명심해야 합니다. 절대 아이의 의지를 꺾어선 안 됩니다. 아이를 비판하더라도 절대 아이가 의지를 보인다는 사실을 비판해서는 안 됩니다. 다만 그 방법에 문제가 있다는 점을 지적해야 합니다.

그런데 보통 프랑크 같은 아이가 바닥에 드러누워 울며 버둥거릴 때는 막대 사탕을 사주지 않겠다는 엄마의 거절을 향한 무절제한 반응일 때가 많습니다. 이런 아이의 행동은 지나치며 또 자주 반복됩니다. 이런 경우엔 단순히 일회성 갈등으로 그치지 않기 때문에 행동의 원인을 탐색할 필요가 있습니다.

프랑크는 얼마 전 동생이 생겼습니다. 온 가족의 관심과 신경이 아기한테 쏠렸습니다. 그 바람에 프랑크는 버림받고 왕따당한 기분입니다. 당연히 그렇지는 않지만 적어도 프랑크는 그렇게 느낍니다. 부모님은 여전히 프랑크에게 신경을 쓰지만 아무래도 동생에게 더 많은 관심과 시간을 쏟게 됩니다. 프랑크는 발 딛고 선 땅이 흔들리는 기분입니다. 그래서 바닥에 드러누워 아기처럼 행동하고 울며 버둥댑니다. 이것이 아이의 행동에 담긴 심오한 의미입니다. 프랑크는 아이의 지혜로 자신에게 엄마의 관심이 필요하다고 알린 것입니다.

형제가 생기면 아이의 마음은 갈등에 빠집니다. 한편으로는 동생이 사랑스럽고 동생이 생겨 기쁘지만, 또 한편으로는 부모님의 관심과 사랑을 나눠야 하니 질투도 납니다. 그게 정상입니다. 동생이 생겼다고 해서 모든 아이가 발 딛고 선 땅이 흔들리는 기분은 아니겠지만, 어쨌든 그 땅을 동생과 나눠야 하니 기분이 썩 좋지는 않습니다. 따라서 아이는 마음이 아플 수도 있고 버림받을지 모른다는 불안에 다시 반항기로 돌아갈 수도 있습니다.

이런 아이에겐 앞 장의 니나처럼 싸움질은 절대 용납되지 않는다고 확실히 선을 그어줄 필요가 있습니다. 하지만 또 한편으로 특별히 아이만을 위한 시간을 내어줄 필요도 있습니다. 잠시라 해도 엄마 아빠의 관심이 오직 아이에게로만 향하는 시간이 아이에겐 필수적입니다.

아이의 숨은 지혜

아이가 자주 바닥에 드러눕는다면 그건 아이가 발 딛고 선 땅이 흔들린다는 신호일 수 있어요. 아이에게 튼튼한 바닥을, 지지와 안전을 제공해주세요. 아이가 반항기라면 최대한 느긋한 마음으로 아이의 반항을 받아주세요.

무시

대책 없이 타조처럼 행동한다면

올리버는 태어난 지 15개월이 조금 지났다. 아이가 식탁 옆 아기 의자에 앉아서 밥을 먹는다. 아이가 갑자기 허리를 쭉 펴더니 의자를 짚고 일어서려고 한다. 며칠 전부터 걸음마를 시작했는데 틈만 나면 아무 데서나 걸으려고 한다. 엄마가 놀라 올리버에게 말한다. "위험해. 가만히 앉아 있어. 일어서면 안 돼." 올리버가 엄마를 쳐다보다가 눈을 감는다. 아주 질끈, 오래…….

세르바의 삼촌이 화를 낸다. 아주 큰 소리로 욕을 한다. 세르바더러 한 시간 있다가 꼭 깨워 달라고 했는데 세르바가 까먹고 안 깨운 것이다. 노느라 정신이 팔려서 그만 시간을 놓쳤다. 중요한 약속에 늦어버린 삼촌이 화가 나서 어쩔 줄 모른다. 세르바는 삼촌이 없는 것처럼 행동한다. 삼촌의 목소리는 점점 더 커지지만 세르바는 못 들은 척 인형놀이만 한다. 인형 옷을 입혔다 벗겼다 입혔다 벗겼다……. 세르바가 삼촌을 화면에서 지운다.

어른들이 야단을 치면 타조 같이 행동하는 아이가 있습니다. 머리를 모래에 박고서 위험을 보지 않으려 하는 타조처럼 자기가 보이지 않거나 외부 세상이 없다는 듯 행동합니다. 올리버는 눈을 질끈 감아서 엄마를 보지 않음으로써 엄마의 야단에서 슬쩍 발을 뺍니다. 물론 아이는 당연히 자신이 거기 있다는 걸 알고 느낍니다. 하지만 부러 없는 것처럼 행동합니다. 그러자 엄마가 웃으며 말합니다. "우리 아들이 뿅 없어졌나? 거기서 없는 사람처럼 구네. 엄마 말 안 들으려고 그러지?" 올리버가 씩 웃으며 의자에 앉습니다.

세르바는 삼촌의 고함을 듣고 있습니다. 삼촌이 화가 났다는 것도 압니다. 그래서 주변으로 투명 벽을 둘러칩니다. 벽이 아이를 보호합니다. 그것이 아이 행동의 의미입니다.

"듣기 싫어, 보기 싫어."

타조 같은 행동은 잠깐이라면 통할 수 있습니다. 못 본 척, 못

들은 척해서 곤란한 상황을 모면할 수 있으니까요. 하지만 아이가 만든 투명 벽이 그대로 굳어 없어지지 않는다면 문제가 생깁니다.

열한 살 루카도 처음엔 비슷하게 시작했을 겁니다. 루카는 곧잘 흥분하는 아빠의 짜증과 분노를 피하고자 투명 벽으로 자신을 가렸습니다. 하지만 아이의 투명 벽은 날로 굳어졌고, 언젠가부터는 도저히 뚫고 들어갈 수 없는 지경이 되고 말았습니다.

아이는 누구에게도 곁을 내주지 않습니다. 그동안 아이는 누구에게도 자신의 감정을 알리거나 나누지 못했고, 바라는 것이 있어도 말하지 못했습니다. 처음엔 나름의 전략이었던 행동이 고통스러운 패턴으로, 아이가 도저히 빠져나올 수 없고 식구들도 절대 열 수 없는 감옥으로 아이를 가두고 만 것입니다. 루카의 부모님은 놀이치료 전문가를 찾아 아이를 맡겼고, 덕분에 루카는 서서히 벽에 조금씩 작은 구멍을 뚫을 수 있게 되었습니다. 그리고 얼마 후엔 아이가 두른 벽이 완전히 허물어졌습니다.

벽이 굳어졌을 땐 놀이가 특효약입니다. 놀이가 매개되면 부담이나 긴장 없이 서로 만날 수 있기 때문입니다. 구체적인 상황에서는 올리버의 엄마처럼 미소를 지으며 마음속으로 한 걸음 물러서라고 권하고 싶습니다. 올리버의 엄마는 아이에게 미소를 지으며 자신이 목격한 상황과 추측한 행동의 의미를 아이에게 들려줍니다. 그 말을 들은 올리버는 웃지 않을 수가 없습니다.

한 가지 더 언급하고 싶은 것이 있습니다. 아이와 크게 다투었다면 꽁해 있지 말고 어른이 먼저 아이에게 화해의 손길을 내밀어야 합니다. 싸움이 격해졌을 때는 그러기가 힘들 테니 싸움이 끝나고 나면 시간을 따로 내서 화해의 제스처를 취하세요. 어른이 모범을 보여야 합니다. 아이의 어려움에 먼저 손을 내밀 줄 아는 사람이 진짜 어른이니까요.

아이의 숨은 지혜

아이가 타조처럼 모르쇠로 나오거든 웃어넘기세요. 다투다가 그런 행동을 하거든 크게 호흡을 하고, 다툼이 끝난 후에 먼저 화해를 청하세요.

공명

“슬픈데 이유를 모르겠어요.”

미카는 삼형제다. 엄마가 형이랑 재미나게 이야기를 나누거나 미카를 간질이면 두 살 막내 발리크도 따라 웃는다. 발리크와 형들은 한 사람인 양 웃어도 같이 웃고 울어도 같이 운다.

미하엘의 누나에게 걱정이 생겼다. 누나는 열네 살, 미하엘은 열 살이다. 누나는 뭐가 걱정인지 털어놓지 않는다. 미하엘은 누나에게 물어볼 용기가 나지 않는다. 아이가 잔뜩 주눅이 들었다. 누나를 따라 걱정이 생겼다. 엄마가 무슨 일이 있냐고 묻자 아이가 대답한다. “슬픈데 이유를 모르겠어요.”

위의 두 사례는 형제자매의 공명을 보여줍니다. 공명이란 두 사람 혹은 그 이상의 사람들이 나누는 경험의 진동입니다. 앞에서도 설명했듯이 'Sonare'는 라틴어로 '울리다, 진동하다'라는 뜻이며 'Resonare'는 '어떤 것이 왔다 갔다 흔들리다'라는 뜻입니다. 공명은 아이들에게서, 특히 형제자매에게서 자주 나타납니다.

공명에는 두 가지가 있습니다. 반응 공명Responce-Resonance 과 동시 공명Synchron-Resonance 입니다. 반응 공명은 다른 사람의 감정이나 말에 반응하는 것입니다. 가령 아빠가 화를 내면 아이가 그에 반응하여 조용히 구석으로 물러나는 경우입니다. 동시 공명은 두 사람이 비슷한 것을 느끼고 경험하는 것을 말합니다. 발리크는 큰 형과 동시 공명합니다. 아이는 형과 같은 기분을 느끼고 형과 함께 웃습니다. 형이랑 똑같이, 동시에 감정이 진동하는 것입니다. 미하엘 역시 누나와 공명합니다. 누나의 걱정이 곧 아이의 걱정입니다.

형제자매 사이에선 동시 공명이 매우 흔히, 또 매우 강력하게 일어납니다. 특히 어릴 때는 이런 내적인 유대가 매우 끈끈합니다. 물론 나이가 들어도 남들보다는 공명을 크게 일으키지만, 서서히 각자 다른 관심과 인간관계를 우선하게 됩니다. 아마 성장이 다르고 친구가 다르고 성향이 다르기 때문일 테고, 심지어 질투심도 한몫할 겁니다. 그래서 나이가 들면 형제자매 사이에도 반응 공명이 더 많이 목격됩니다. 하지만 그렇다고 동시 공명의 존재를 과소평가해서는 안 됩니다. 겉보기에는 성장의 길이 전혀 다르고 또 만날 다투는 것 같아도 형제자매의 내적 유대는 매우 굳건합니다.

아마 대부분의 부모가 형제자매의 싸움에 진저리를 칠 겁니다. 하지만 정작 부모가 개입하면 아이들은 언제 싸웠냐는 듯 갑자기 돌변해서 자기들끼리 한 편을 먹습니다. 이건 아마도 그동안 경험했던 동시 공명 때문일 겁니다.

"이제는 형을 느끼기 싫어!"

아이는 쉴 새 없이 배우고 또 배워야 합니다. 자신에 대해, 세상에 대해, 자신의 행동 의미에 대해. 그리고 세상과 관계를 맺어나가야 합니다. 이 모든 배움의 과정은 지식으로만 되는 것이 아닙니다. 아이는 무엇보다 몸으로 느끼면서 배웁니다. 앞에서도 이미 말했듯 아이에겐 등대가 되어줄 모범이 필요합니다. 그 모범과 자신을 동일시하고 그 사람의 입장이 되어봄으로써 아이는 많은 것을 배웁니다. 부모님이, 선생님이, 조부모님이, 그 외의 다른 모든 어른이 모두 아이의 모범입니다.

아이는 다른 사람과 함께 느낍니다. 미카는 형의 입장이 되어 형이 느끼는 것을 자기도 느낍니다. 미하엘도 마찬가지로 누나와의 동일시를 통해 자신의 생활 세계와 감정 영역을 넓힙니다. 누나나 형과의 공감은 말 그대로 순수하고 원초적입니다.

때로 형제의 유대가 너무 긴밀하면 아이는 다른 친구들이나 자기 자신을 돌아볼 여유를 놓칩니다. 이럴 때 아이는 형제의 유대에 강한 반발을 느끼게 됩니다. '더 이상 너를 느끼고 싶지 않아.' 이런 무언의 항거가 아이의 행동에 깔립니다. 그래서 아이는 공명에 반발하고 아예 접촉도 하지 않으려 하거나 상대의 감정을 무시하고 경멸하기도 합니다.

아이의 숨은 지혜

말하지 않아도 아이는 형제자매와 많은 것을 나눕니다. 그러니까 갈등이 생길 때는 그 갈등에 끼지 않은 아이에게도 위로와 질문을 던져야 합니다. "너 괜찮아?" 하고 말이지요.

세 가지 존중을 반드시 기억하세요

아이를 이해하려는 노력은 존경과 칭찬을 받아 마땅합니다. 아이를 이해하려는 어른은 아이를 존중하고 그의 감정을 진지하게 대하니까요. 따라서 이런 이해의 노력이야말로 내가 주장하는 세 가지 존중의 첫 번째 요소입니다.

아이를 이해하려는 노력은 존중의 중요한 요소입니다.

두 번째 존중은 자신을 향한 존중입니다.

에너지가 넘치는 아이가 계속해서 뭘 같이 하자고 조르는데 너무 피곤하다면 아이와 나, 둘 다 존중해야 합니다. 아이의 생명력과 에너지를 존중하듯 자신의 피곤도 존중해주세요. 아이에게 너무 날뛰지 말라고 이야기하기보다, 당신이 피곤하다고 말한 다음 타협점을 찾으세요. 가령 아이에게 양해를 구한 후 조금 쉬고 나서 다시 놀아주겠다고 말하면 됩니다. 아이의 욕구를 인지하고 이해하면서 동시에 당신의 욕구도 인정하고 존중해야만 타협이 가능합니다. 그래야 두 사람 모두 행복한 길을 찾을 수 있습니다.

자신의 욕구를 존중하는 것에는 당신이 지금 하고 싶은 바를 실행하는 일도 포함됩니다. 아이와 아이스크림이 먹고 싶다면 먹으러 가세요. 아이와 공놀이를 하고 싶다면 공놀이를 해야 합니다. 아무것도 하고 싶지 않다면 그냥 가만히 있으세요. 자신을 소중히 대하고 자신의 욕구를 따르는 것, 그것이 당신에게도 좋은 길이며 자신을 소중히 대하는 모범을 아이에게 보이는 길이기도 합니다.

세 번째 존중은 당신과 아이의 관계 존중입니다.

쉬지 않고 자신에게 물어보세요. 우리의 관계는 어떤가? 무엇이 더 필요한가? 무엇이 유익한가? 그러다 보면 아이와 함께 뭔가 하고 싶은 충동이 일어날 겁니다. 혹은 살짝 거리를 두고 잠시 쉴 필요가 있다고 느끼기도 할 거고요. 말로는 표현하지 않았지만 둘 사이에 뭔가 감정이 오갔을 수도 있습니다. 슬픔이나 그리움, 짜증이나 분노 같은 것들 말입니다. 그것을 흘려듣지 말고 주의 깊게 관찰하세요.

정리해보자면 세 가지 존중이란 다음과 같습니다.

- 아이를 존중하세요!
- 자신을 존중하세요!
- 아이와 당신의 관계를 존중하세요!

선물 같은 어른 되어주기

아이로 산다는 것, 어른의 세상으로 들어서며 성장한다는 것, 그것 자체가 참으로 큰일입니다. 칭찬받아 마땅한, 존중받아 마땅한 대단한 일이죠. 어른들은 어린 시절을 낭만적으로 미화할 때가 많습니다. 즐겁고 가뿐하고 찬란했던, 마냥 신나는 시절이었다고 생각합니다. 하지만 가만히 자신의 어린 시절을 돌아보면 행복한 기억만 떠오르지는 않을 것입니다. 우리의 어린 시절도 찬란한 빛만 있지 않았고 어두운 그림자도 많았습니다. 가뿐했던 것만도 아니어서 힘들고 고되기도 했으며, 놀기만 했던 것은 더더욱 아니어서 애써 노력한 적도 많았습니다. 아이로 산다는 건 이렇듯 고단함이 함께하는, 다소 피곤한 일입니다.

세상에 온 첫날부터 아이는 세상을 배워야 합니다. 이 세상에서 움직이고 행동하고 이해하는 법을 배워야 하며, 말하고 듣는 법도 배워야 합니다. 시간이 가도 요구는 줄어들지 않습니다. 유치원에서, 학교에서, 학원에서 새로운 도전과 문제가 쉼 없이 밀려오고 아이는 차차 성공과 실패를 경험합니다.

선한 환경과 유익한 분위기라면 아이는 이 과정을 거치며 엄청난 능력을 키웁니다. 인지와 신체, 감정과 사회행동 등 여러 측면에서 날로 성장합니다. 굳이 어른들이 옆에서 억지로 밀거나 당길 필요도 없을뿐더러, 방해는 더더욱 금기입니다. 아이를 존중하고 선의로 동행하며 적극 지지해주는 것이 바람직합니다.

모든 아이는 선물입니다. 부러 꾸미거나 유치하게 장식한 말이 아니라, 나는 아이를 선물이라고 확신합니다. 또한 아이는, 모든 아이들은 선물을 필요로 합니다. 나는 이 역시도 확신합니다. 물질적 선물을 말하는 게 아닙니다. 내가 말하는 선물은 우리 어른들이 태도와 행동을 통해 전달하는 선물입니다. 선물은 주고받는 것에 의미가 있으니 우리 어른들도 아이에게 선물을 주어야 겠죠.

아이와 우리 모두의 행복을 위해 우리는 어떤 선물을 아이에게 줘야 할까요? 가장 중요한 것들로 골라 적어봤습니다.

첫 번째 선물 – 자신의 감정을 실천하는 어른

아이에겐 감정을 드러내는, 감정대로 사는 어른이 필요합니다. 감정은 사람을 연결하고 사람 간의 관계를 표현합니다. 그리고 감정은 순간의 행동에 영향을 줍니다. 우리는 화가 나면 상대방이나 나 자신의 행동을 바꾸고 싶습니다. 불안하면 사람들을 피하고, 호기심이 생기면 사람들에게 다가가고, 창피하면 숨으려고 합니다. 이처럼 모든 감정은 타인과의 만남을 표현하는 동시에 타인과 상호작용하는 우리의 행동에 영향을 미칩니다.

우리 어른들이 먼저 자신의 감정을 드러내 보이고 아이와 감정을 나눠야 합니다. 말을 하든 안 하든, 스킨십이 있든 없든, 중요한 건 우리가 아이의 감정을 알 수 있어야 한다는 것입니다. 그러자면 당연히 우리가 먼저 아이에게 감정 표현의 모범을 보여야 합니다.

두 번째 선물 – 아이에게 관심을 표현하는 어른

다들 이런 경험이 있을 겁니다. 아이가 무슨 말을 하려고 하는데 너무 피곤합니다. 사랑하는 마음을 끌어모아 억지로 아이의 말에 관심을 보이는 척합니다. 가끔씩 그런다면 문제가 되지 않습니다. 부모도 사람이니 피곤할 때가 있으니까요. 하지만 아이들은 눈치가 빨라서 금방 알아차립니다. 우리의 관심이 진짜인지 아니면 관심 있는 척하는 것인지, 재빠르게 구분하지요. 어떤 상황에서도 진짜 관심을 억지로 끌어낼 수는 없습니다. 관심은 있든가 없든가 둘 중 하나입니다. 그리고 관심이 있다면 그에 알맞은 시간과 공간을 할애해야 하며, 아이에게 관심이 있다고 충분히 알려야 합니다.

무슨 말인가 하면, 귀 기울여 듣고 한참 지켜보고 자꾸 캐물어야 한다는 뜻입니다. 구체적으로 캐묻는 것이야말로 관심을 알리고 대답을 얻어내는 왕도입니다.

경청은 당신의 관심을 아이가 느낄 수 있게 하는 최고의 방법입니다. 오래 눈을 맞추는 것도 마찬가지로 도움이 됩니다.

어른이 자신에게 관심이 있다고 느끼면 아이의 자존감은 커집니다. 아이는 주목받고 있다고 느끼고 더불어 존중받는다고 느낍니다. 반대로 어른이 아이를 보지도 듣지도 않는다면, 아이는 자신의 가치를 깎아내립니다. 숙제를 챙기고 성적에 신경을 쓴다고 다 되는 게 아닙니다. 아이의 마음을 움직이는 모든 것에 관심을 보여야 합니다. 아이가 컴퓨터 게임을 많이 한다면 무조건 야단을 치고 못 하게 말린다고 해서 능사가 아닙니다. 아이가 어떤 게임을 좋아하는지, 어떤 소셜 미디어에서 활동하는지에도 관심을 가져야 합니다. 물어보면 아이들은 의외로 선뜻 자기가 좋아하는 게임을 알려줍니다. 어른이 못 알아들으면 설명도 해주면서요. 그러다 아이 덕에 운 좋게 자신도 몰랐던 숨은 게임 본능을 발견할 수도 있지 않을까요?

아이가 우리 질문에 입을 다문다면 그건 비밀로 간직하고 싶기에 어른에게 선을 긋는다는 표현입니다. 그 마음도 존중해줘야 합니다. 아이에게 관심이 있다고 해서 전부 다 알아야 하는 건 아닙니다. 아이에게 무엇이든 물어볼 수는 있지만 반드시 대답을 들어야 한다는 생각은 버려야 합니다.

아이를 향한 관심은 정보의 문제만이 아닙니다. 앞서 설명한 공명의 문제이기도 합니다. 보고 듣고 캐물어 얻어들은 정보보다 '느낌'이 더 정확할 때가 있습니다. 따라서 자신의 기분이나 느낌이 아이 마음을 되받는 공명일 수 있다는 점을 인지하고 자신의 감정에 귀 기울여보세요. 착각이겠지 생각하며 자기 감정을 믿지 않는 어른이 많습니다. 뭔가 미심쩍어 아이에게 물어보면 아이는 이렇게 대답합니다. "아냐 엄마, 아무 일도 없어요." 어떨 땐 뭘 그렇게 자꾸 물어대냐고 짜증을 내기도 합니다. 질문의 적당한 정도는 사람마다 기준이 있을 테고 또 상황에 따라 바뀝니다. 그러니 질문의 정도야 어찌 됐든 관심만은 버리지 마세요. 아이에겐 우리의 관심이라는 선물이 필요합니다.

세 번째 선물 – 서로의 마찰을 허용하는 어른

누구나 화목한 가정을, 모두가 사이좋게 지내는 교실을 꿈꿉니다. 당연하고 정당한 바람이며, 어쩌면 다툼과 갈등과 폭력으로 얼룩진 어린 시절의 경험 탓일 수도 있습니다. 아이들 역시 화목하고 다정한 가정과 교실을 바랄 겁니다.

제가 생각하는 화목한 가정은 근본적으로 서로에게 다정하고 서로를 위하는 분위기에 적대감이 배제된 관계를 뜻합니다. 그런 화목한 가정은 아이에게도 큰 선물이 됩니다. 다만 행복한 공생은 갈등을 낳기도 한다는 사실을 알고 인정해야 합니다. 아이들끼리, 어른들끼리, 아이와 어른 사이의 마찰을 허용하고 갈등을 긍정해야 합니다.

갈등을 억지로 봉합하려는 다양한 규칙들이 있습니다. 가령 이런 것들입니다.

- 자식은 부모 말에 무조건 복종한다.
- 부모는 야단치지 말고 항상 자식을 이해한다.
- 부모는 절대 화를 내면 안 된다.
- 다툼은 금물이다.

이런 식의 터부는 가족의 분위기를 옥죄고 개인의 감정과 행동을 구속합니다. 그리하여 치명적인 결과를 낳고 맙니다.

첫째, 눈에 보이지 않는 갈등이 만성화됩니다. 갈등을 회피할수록 집안 분위기와 가족의 관계는 어두워집니다. 둘째, 해소되지 못한 갈등이 가족 관계를 해치고, 그것이 결국 각 개인의 마음을 다치게 합니다. 셋째, 아이는 다 느낍니다. 금기가 많을수록 뭔가 낌새가 이상하다는 것을 느낍니다. 하지만 감정의 정체를 알 수 없기에 자신을 탓하고 죄책감을 키우게 됩니다. 더 심해지면 자신의 존재 자체를 부정하게 될 수도 있습니다.

그러므로 나는 당신의 용기를 북돋아주고 싶습니다. 아이와의 갈등을 겁내지 마세요. 아니 아이에게 마찰과 갈등을 선물하세요!

잠시 동안은 아이에게 미움을 살 수도 있습니다. 하지만 육아는 인기투표가 아닙니다. 아이도 부모의 거절과 요구를 수용할 수 있어야 합니다. 다만 다음의 사실을 유념할 필요는 있습니다. 협상을 할 수 있는 지점("9시에 잘 거야, 9시 반에 잘 거야?")과 절대 그럴 수 없는 지점("8시에 친구 집에서 출발하는 걸로 약속하자. 만약 더 늦으면 꼭 집에 전화해서 알려줘야 해!")을 확실히 구분해야 합니다. 다음은 건전한 마찰을 위한 기본적인 방안들입니다.

- 질문과 요구를 구분하세요. 요구를 질문으로 포장해서는 안 됩니다. 가령 "그만할 수 없겠니?"라고 말해서는 안 됩니다. "그만해!" 혹은 "그만했으면 좋겠어"라고 말해야 합니다.
- 결정을 했으면 아이가 이해할 수 있게 설명해주세요. 아이가 이해를 못 하거나 하지 않으려 들더라도 끝까지 결정을 고수하세요. 때로는 설명을 하는 것 자체가 중요할 때도 있습니다.
- 기대, 규칙, 요구, 바람에는 최대한 명확하게 대처하세요.
- 절대 폭력을 쓰거나 폭력으로 위협해선 안 됩니다. 폭력은 상처와 모욕을 줍니다. 반대로 명확하게 그은 선은 버팀목과 방향을 제공합니다. 둘을 헷갈리지 마세요!
- 당신의 요구를 아이가 거부하거든 끝까지 버티세요. 당신이 정당하다면 끝까지 고수하세요. 그래야 아이도 갈등을 배웁니다. 하지만 당신이 부당하다면 수긍하세요. 아이의 항변에 마음이 움직였다면 타협안을 찾아봐야 합니다.

이 모두가 행복한 공생을 추구하고 화목한 가정을 이루는 기반이 됩니다. 마찰은 온기를 불러온다고 했지요. 손이 시릴 때 손을 비비면 따뜻해지듯이, 갈등이 있을 땐 건전한 마찰로 관계를 회복하면 됩니다. 사랑과 존중을 바탕으로 한 마찰은 마음을 데우고 관계를 돈독하게 합니다. 마찰은 선물입니다.

네 번째 선물 – 적절한 거리를 유지하는 어른

육아에 어려움을 겪을 때면 여기저기에서 조언이 쏟아집니다. 그 조언의 대부분이 아이와의 거리와 관련된 것들입니다. 엄마 아빠가 너무 아이와 가깝거나 혹은 멀면 위험한 결과가 초래될 수 있다고 말입니다. 그러나 "조금 거리를 둬!"라는 조언은 "조금 더 다가가. 더 가까울 필요가 있어"라는 조언만큼이나 독단적입니다.

아이와의 거리에는 정해진 기준이 없습니다. 특정한 기준을 요구한다면 그것은 아이의 발달 조건을 무시하는 처사입니다. 아이에겐 가깝고도 먼 거리를 아우르는 춤이 필요합니다. 그 춤을 아이에게 선사하세요. 어떤 상황에서는 더 다가가고 또 어떤 상황에선 조금 멀어져야 합니다. 유연하게 생각해 자신의 욕구와 아이의 욕구에 따라 거리를 조정하세요.

무하마드 알리의 풋워크는 이런 가깝고도 먼 거리의 춤을 상징합니다. 그가 등장하기 전만 해도 권투란 덩치 큰 두 사내가 마주 서서 치고 박고 싸우는 스포츠였습니다. 하지만 무하마드 알리는 권투에 새바람을 몰고 왔습니다. 권투를 춤으로 바꾸는 혁명을 일으킨 것입니다. 상대가 달려오면 알리는 춤을 추며 멀어집니다. 자신이 공격할 때도 춤을 추며 다가갑니다. 아이와의 거리를 생각할 때면 나는 항상 그의 멋진 춤이 떠오릅니다.

아이는 우리의 춤을 보며 가까워졌다가 멀어지고 다시 다가가는 만남의 방식을 배울 수 있을 겁니다. 서로를 믿으며 오래 유지되는 관계는 유연하게 다가가고 또 멀어질 수 있어야 한다는 사실을요.

다섯 번째 선물 – 지지와 확신을 주는 어른

아이에게 지지와 확신을 선사하는 것은 당연한 일입니다. 하지만 당연한 일이 항상 현실이 되진 않지요. 따라서 아이에게 지지와 확신을 주는 모든 일은 아이가 행복하고 건강한 삶을 살 수 있도록 도와주는 선물과도 같습니다. 보호받지 못하고 위험에 노출되어 불안에 떠는 아이는 쉽게 자신감을 잃고 남을 믿을 수도 없습니다. 두들겨 맞고 버림을 받았는데 자신감이 넘치고 사람을 믿고 존경한다는 건 어불성설이겠지요.

지지와 확신은 단순히 폭력이나 억압이 없는 상태 그 이상을 의미합니다. 지지와 확신은 어른의 '적극적인 태도'입니다. 이 말이 모호하게 느껴진다면 아래를 참고해보세요.

- 어떤 형태의 폭력에도 반대한다는 것을 아이에게 보여줘야 합니다. 정치적으로도 사회적으로도, 일상의 사소한 사건에서도 확실한 태도를 고수해야 합니다.
  가령 아이의 학교에서 왕따 사건이 발생했을 때 당신이 적극적으로 나서 피해자를 보호한다면, 아이는 앞으로 자신에게 그런 일이 일어나면 당신이 적극 나서 주리라 확신하게 될 것입니다. 그러면 그런 상황에서 어떻게 행동해야 할지 방향을 잡을 수 있게 됩니다.
- 누구나 실수를 저지를 수 있고 불안할 때는 불안하다고 말해도 되며 힘들 때는 기대도 된다는 확신을 아이에게 줘야 합니다.
  마찬가지로 기쁨은 나눌 수 있고 잘했을 땐 칭찬받고 격려받는 게 마땅하다는 확신도 줘야 합니다.
- 아이를 믿는다는 사실을 아이에게 말해줘야 합니다. 하지만 아이에 대한 신뢰는 보호를 동반해야 합니다. 아이를 믿는다고 혼자 바깥에 내보내도 될까요? 그걸 판단하려면 위험이 없는지, 아이가 위험에 어떻게 대처할지, 스스로를 보호할 능력이 되는지와 같은 종합적인 평가가 필요합니다.
  신뢰와 보호는 동전의 양면입니다. 우리는 아이에게 위험을 경고하고 차가 오는지 살피라고 잔소리를 합니다. 하지만 언젠가는 아이가 혼자서 횡단보도를 건너야 할 때가 올 테지요. 그럴 때 우리의 믿음을 느낀다면 아이는 큰 힘을 얻을 겁니다. "할 수 있어. 널 믿는다. 넌 알아서 잘 살필 거야."

아이를 지지한다는 것은 구체적인 태도이자 행동입니다. 우리가 아이를 세상 모든 위험으로부터 막아줄 수는 없지만 적어도 그러기 위해 노력한다는 확신을 줄 수는 있습니다. 불안하고 힘들 때도 언제나 우리가 곁에 있어줄 것이라는 확신을 심어주는 것이지요.

여섯 번째 선물 – 스스로를 존중하는 어른

원하건 원치 않건, 의식적이건 무의식적이건 우리는 아이의 모범입니다. 그런데 아이는 우리의 말보다 행동을 더 모범으로 삼습니다. 아빠의 걸음걸이를 흉내 내고, 엄마의 말투를 따라 합니다. 그런 아이의 모습이 어떨 땐 너무 귀엽지만, 때론 우리 잘못을 들킨 것 같아 창피하기도 합니다.

우리는 알게 모르게 아이의 모범이 됩니다. 그러므로 그 사실을 유념하여 어떻게 해야 좋은 모범이 될 수 있을지 늘 고민하고 노력해야 합니다. 그것이 우리가 아이들에게 줄 수 있는 선물입니다.

자신을 존중하고 의견을 고수하는 태도도 중요한 모범 행동 중 하나입니다. 아이와 놀면서도 그럴 수 있습니다. 아이가 좀 크면 어떻게 놀아줘야 할지 모르겠다는 부모가 많습니다. 그래서 괜히 새 장난감을 사주거나 아예 놀아주지 않기도 합니다. 그런 고민을 들을 때마다 나는 이렇게 되묻습니다. "무슨 놀이가 하고 싶으세요?" 혹은 "지금 아이만 할 때 뭐 하고 노셨어요?"

그럼 부모의 눈이 뜨입니다. 아이의 관심을 탐구하고 최대한 응해주는 것도 중요하지만 그 못지않게 스스로의 관심을 존중하고 그것을 아이의 관계에 활용하는 것도 필요합니다. 그러지 못한다면 이는 은연중 아이에게 '내 것'이라는 감각을 키우고 '나'를 존중하는 일은 잘못이라고 알리는 것과 같습니다. 그러니 모범이 되어 자신에게 물어보세요. "나는 뭘 하고 싶지? 뭘 좋아하지?" 그리고 아이에게 그것을 같이 하자고 제안해보세요.

일곱 번째 선물 – '그리고' 유연한 어른

아이에게는 일관성 있는 태도가 중요하다는 충고를 많이 들었을 겁니다. "이랬다저랬다 하면 안 됩니다!" "예외를 두면 안 돼요." "오냐오냐하지 마세요." "밥그릇은 깨끗하게 비우도록 교육하세요!"

하지만 나는 그런 일방적인 태도가 아이를 힘들게 하고 아이의 행복을 해친다고 생각합니다. 그래서 나는 늘 '그리고'를 강조합니다.

당연히 규칙은 철저하게 지켜야 합니다. '그리고' 예외를 둘 수도 있어야 합니다.

당연히 음식을 함부로 버리면 안 됩니다. '그리고' 배가 부르거나 너무 먹기 싫으면 그날은 음식을 남길 수도 있습니다.

당연히 아이를 믿고 아이에게 자유를 줘야 합니다. '그리고' 아이에게 선을 그어주는 일도 필요합니다.

당연히 계획을 세워 알찬 하루를 보내야 합니다. '그리고' 깜짝 놀이와 예외도 가끔은 즐거움을 더합니다.

당연히 우리는 아이가 우리를 사랑한다고 믿습니다. '그리고' 아이가 새로 오신 선생님에게 홀딱 반해 선생님 이야기만 한다면 살짝 질투심을 느껴도 좋습니다.

'그리고'는 상반되어 보이는 것들을 결합합니다. 이런 경험이 아이에게는 꼭 필요합니다. "이런저런 행동 때문에 다퉜을지라도 나는 널 사랑해." "화가 났지만 다시 잘 지낼 수 있을 것이라 확신해."

이런 '그리고'의 태도는 응어리 없이 오래오래 서로를 믿을 수 있는 관계의 지름길입니다. '그리고'는 평생의 선물입니다.

최고의 선물 – 아낌없이 사랑을 전하는 어른

대부분의 사람들은 부모가 자식을 사랑하는 것이 당연하다고 생각합니다. 하지만 틀렸습니다. 심리치료사로, 또 교육학자로 오래 일하며 나는 사랑받지 못한 아이들을 참 많이 보았습니다. 드물지만 아이를 사랑하느냐는 질문에 “아니요”라고 대답하는 부모도 있었습니다.

반면 부모를 향한 아이의 사랑은 당연하고 무조건적입니다. 부모의 사랑은 당연하지 않습니다. 없는 사랑을 억지로 만들어 낼 수는 없으니까요. 사랑이라는 감정이 죽어버린 사람들, 사랑이라는 감정이 떠나버린 사람들이 있습니다. 무슨 이유이건 사랑을 할 수 없는 부모들이 있습니다. 강요된 사랑은 사랑이 아닙니다. 때문에, 사랑은 선물입니다.

나를 찾아와 도움을 청하는 부모들은 한참 동안 아이의 문제점을 늘어놓습니다. 옆에 앉은 아이를 쳐다보면 대부분 그런 일이 예사라는 표정입니다. 아이가 있는 자리에서 아이로 인한 부담을 부모가 예사로 이야기했기 때문입니다. 당연히 아이의 자존감은 영향을 받을 수밖에 없습니다.

다 듣고 나서 내가 묻습니다. “아이가 착하게 말을 잘 들을 때도 있나요?” 별것 아닌 것 같은 이 질문이 많은 부모에게 충격을 안깁니다. 부모들은 흠칫 놀라며 아이의 긍정적인 측면을 고민합니다. 바람직한 출발입니다.

나중에 아이가 없는 자리에서 나는 다시 묻습니다.

"아이를 사랑하세요?"

많은 부모가 생각에 잠겼다가 대답합니다. "네." 벌컥 화를 내는 부모도 있습니다. "당연한 거 아니에요? 무슨 생각을 하시는 거예요?"

그럼 나는 다시 질문을 던집니다.

"언제 마지막으로 아이한테 사랑한다고 말씀하셨어요?" 혹은 "아이에게 그 사랑을 어떻게 보여주시나요?"

바로 이것이 우리의 주제입니다. 부모는 자식을 향한 사랑이 당연하다고 생각합니다. 하지만 아이는 그 사랑을 듣고 느끼고 경험해야 압니다.

물론 대단한 사랑 고백이라도 하라는 말은 아닙니다. 그건 오히려 협박("널 사랑하니까 얌전하게 굴어!")으로 변질될 수 있습니다. 아이는 우리의 사랑을 그리고 우리의 선물을 느끼고 듣고 만질 수 있어야 합니다. 생일이 아니어도, 명절이 아니어도, 무슨 날이건 아니건, 굳이 따로 선물을 챙겨주지 않아도 일상에서 언제나 느낄 수 있어야 합니다.

사랑의 말과 행동은 아이에게 선물처럼 전해져야 합니다. 그래야 아이가 그걸 느낍니다. 아이에게 가장 선물다운 선물은, 놀랍게도 마음입니다.

갈매나무 행복한 성장 시리즈

실컷 논 아이가 행복한 어른이 된다

놀지 못해 불행한 아이, 불안한 부모를 위한 치유의 심리학

김태형 지음 | 값 13,000원 (2016년 세종도서 교양 부문 선정)

미래를 위해 현재의 놀이를 포기하고 공부에만 매달리는 결과가 얼마나 위험한지 알려주기 위해, 행복에 대한 착각에 사로잡힌 부모들에게 보내는 심리학자의 메시지.

엄마 아빠 딱 10분만 놀아요!

아이의 마음이 자라는 하루 10분 몰입 놀이

노은혜 지음 | 14,000원

스마트폰을 보모로 삼아 아이와의 놀이를 미루는 부모들에게, 놀이지도 상담사가 예리한 조언과 함께 전수하는 '바로 지금' 따라 할 수 있는 쉽고 실용적인 놀이 방법.

옮긴이 **장혜경**

연세대학교 독어독문학과를 졸업하고 같은 대학 대학원에서 박사과정을 수료했다. 독일 학술교류처 장학생으로 하노버에서 공부했다. 현재 전문 번역가로 활동 중이다. 《삶의 무기가 되는 심리학》《나는 이제 참지 않고 말하기로 했다》《오늘부터 내 인생 내가 결정합니다》《나는 왜 무기력을 되풀이하는가》《처음 읽는 여성 세계사》《숲에서 1년》《나무 수업》《자전거, 인간의 삶을 바꾸다》《아무도 존중하지 않는 동물들에 관하여》 등을 우리말로 옮겼다.

아이에게 쓸데없는 행동은 없습니다

초판 1쇄 발행 2022년 5월 5일

지은이 • 우도 베어
옮긴이 • 장혜경

펴낸이 • 박선경
기획/편집 • 이유나, 강민형, 오정빈, 지혜빈
마케팅 • 박언경, 황예린
디자인 제작 • 디자인원(031-941-0991)

펴낸곳 • 도서출판 갈매나무
출판등록 • 2006년 7월 27일 제395-2006-000092호
주소 • 경기도 고양시 일산동구 호수로 358-39 (백석동, 동문타워 I) 808호
전화 • 031)967-5596
팩스 • 031)967-5597
블로그 • blog.naver.com/kevinmanse
이메일 • kevinmanse@naver.com
페이스북 • www.facebook.com/galmaenamu

ISBN 979-11-91842-18-0/03590
값 14,800원

• 잘못된 책은 구입하신 서점에서 바꾸어드립니다.
• 본서의 반품 기한은 2027년 5월 5일까지입니다.